O Mesmo e o Não Mesmo

FUNDAÇÃO EDITORA DA UNESP

Presidente do Conselho Curador
Herman Jacobus Cornelis Voorwald

Diretor-Presidente
José Castilho Marques Neto

Editor-Executivo
Jézio Hernani Bomfim Gutierre

Conselho Editorial Acadêmico
Alberto Tsuyoshi Ikeda
Célia Aparecida Ferreira Tolentino
Eda Maria Góes
Elisabeth Criscuolo Urbinati
Ildeberto Muniz de Almeida
Luiz Gonzaga Marchezan
Nilson Ghirardello
Paulo César Corrêa Borges
Sérgio Vicente Motta
Vicente Pleitez

Editores-Assistentes
Anderson Nobara
Henrique Zanardi
Jorge Pereira Filho

Roald Hoffmann

O Mesmo e o Não Mesmo

Tradução
Roberto Leal Ferreira

editora
unesp

© 2000 da tradução Editora UNESP
Copyright © 1995 Columbia University Press
Direitos de publicação reservados à:
Fundação Editora da Unesp (FEU)
Praça da Sé, 108
01001-900 – São Paulo – SP
Tel.: (0xx11) 3242-7171
Fax: (0xx11) 3242-7172
www.editoraunesp.com.br
www.livrariaunesp.com.br
feu@editora.unesp.br

CIP – Brasil, Catalogação na fonte
Sindicato Nacional dos Editores de Livros, RJ

H648m

Hoffmann, Roald, 1937-
    O mesmo e o não mesmo / Roald Hoffmann; tradução Roberto Leal Ferreira; [prefácio Claudia Sant'Anna Martins]. – São Paulo: Editora UNESP, 2007.

    ISBN 978-85-7139-761-3

    1. Química.   2. Bioquímica   I. Título

07-2177   CDD 540
     CDU 54

Editora afiliada:

Sumário

Prefácio à edição brasileira   9

Prefácio   13

PRIMEIRA PARTE: *Identidade – o problema central*   17
  1. Os gêmeos   19
  2. Quem é você?   24
  3. Besouros d'água   29
  4. Combate ao reducionismo   37
  5. O peixe, a minhoca e a molécula   42
  6. Distingui-los   45
  7. Isomerismo   47
  8. Existem duas moléculas idênticas?   54
  9. Apertos de mão no escuro   59
 10. Mimetismo molecular   69

SEGUNDA PARTE: *A maneira como é dito*   81
  11. O artigo de química   83
  12. E como ficou assim   86
  13. Sob a superfície   91
  14. A semiótica da química   94
  15. Como é essa molécula?   99
  16. Representação e realidade   106
  17. Lutas   111
  18. O id se revelará   115

TERCEIRA PARTE: *Fazer moléculas*   119
  19. Criação e descoberta   121
  20. Em louvor da síntese   131
  21. O cubano e a arte de fazê-lo   139
  22. A fonte de Aganipe   146
  23. Natural/Inatural   151
  24. Almoço fora   157
  25. Por que preferimos o natural   159
  26. Jano e a não linearidade   166

QUARTA PARTE: *Quando algo está errado*   169
  27. Talidomida   171
  28. A responsabilidade social dos cientistas   184

QUINTA PARTE: *Como acontece exatamente?*   187
  29. Mecanismo   189
  30. A síndrome de Salieri   196
  31. Estático/Dinâmico   200
  32. O equilíbrio e sua perturbação   208

SEXTA PARTE: *Uma vida dedicada à química*   213
  33. Fritz Haber   215

SÉTIMA PARTE: *Aquela mágica* — 229
- 34. Catalisador! — 231
- 35. Três vias — 237
- 36. Carboxipeptidase — 244

OITAVA PARTE: *Valor, dano e democracia* — 251
- 37. Púrpura de Tiro, pastel e índigo — 253
- 38. Química e indústria — 259
- 39. Atenas — 266
- 40. A natureza democratizante da química — 269
- 41. Preocupações ambientais — 271
- 42. Ciência e tecnologia na democracia clássica — 275
- 43. Antiplatão, ou por que os cientistas (ou os engenheiros) não devem governar o mundo — 279
- 44. Uma resposta às preocupações com o meio ambiente — 283
- 45. Química, educação e democracia — 289

NONA PARTE: *As aventuras de uma molécula diatômica* — 291
- 46. C_2 em todas as suas formas — 293

DÉCIMA PARTE: *Dualidades vivificantes* — 305
- 47. A criação é um trabalho duro — 307
- 48. O que ficou faltando — 311
- 49. Um atributo do diabo — 316
- 50. Tensão química, cheia de vida? — 321
- 51. Quíron — 325

Agradecimentos — 329

Índice remissivo — 333

Prefácio à Edição Brasileira

De sonhos e criação

Havia química no Carnaval do Rio de Janeiro de 2004. A química estava lá não apenas simbolicamente, na deslumbrante alegoria da Pirâmide da Vida que Paulo Barros criou para a Unidos da Tijuca – 123 corpos jovens (sem chance de me incluírem lá!) pintados a spray azul-escuro traçando a hélice do DNA nos ares. Estava em todos os lugares para onde se olhasse, nos plásticos e nas fibras sintéticas que preservavam a leveza dos carros alegóricos e das fantasias, nas cores brilhantes.

Até mesmo no samba-enredo! Pareceu-me que Jurandir, Wanderlei, Sereno e Enilson, os compositores, tinham química na cabeça. Pois lá estavam cem mil pessoas cantando...

de sonhos e criação
desejos, transformação... *

---

* "Nessa máquina do tempo, eu vou / Vou viajar... com a Tijuca te levar / À era do Renascimento / De sonhos e criação / Desejos, transformação / Acreditar, desafiar / Superar os limites do homem / Brincar de Deus, criar a vida /

Eles entenderam perfeitamente o que é a química. Pois essa ciência trata, de modo profundo e fundamental, de transformação. Trata, além disso, da criação, ou síntese. E trata também de concretizar sonhos, de realizar nossos desejos.

Antes mesmo de existir a ciência, existia química, a arte, o preparo e o comércio de substâncias e suas transformações. Sem esperar pelos químicos profissionais, as pessoas transformavam matéria com grande habilidade experimental — na extração de minérios das rochas, confecção de cosméticos, cozinha, tinturas, remédios, tratamento de tecidos e joalheria. Com o tempo, aprendemos a olhar para as entranhas da fera, por assim dizer. Sem microscópios para nos mostrar o que havia lá dentro, mas levados por uma maravilhosa lógica difusa e sem medo de sujar as mãos, confiando em nossos sentidos falíveis e nossos instrumentos, como que sabendo mesmo sem ver, acabamos chegando ao conhecimento de que dentro da matéria em transformação havia átomos. E, muito mais interessante do que átomos, havia persistentes agrupamentos de átomos chamados moléculas.

Assim chegamos a uma segunda definição de química: além de arte, preparo e comércio (que sempre estarão lá), agora como ciência, das moléculas e suas transformações. Química é $A + B \rightleftharpoons C + D$. E transformamos matéria em milhares de quilogramas aqui, em frações de nanogramas lá, sempre pensando nas moléculas lá dentro. As visões microscópica e macroscópica da matéria estão irremediável e produtivamente entrelaçadas em nossa mente.

Querer voar e flutuar / É tempo de sonhar... / É tempo de alquimia / Querer chegar à perfeição / Com tecnologia / Na arte da ciência / A busca continua / Na luta incessante pra vencer o mal / E no vai e vem dessa história / O velho sonho de ser imortal / Profecia, loucura, magia / A vontade de explorar / A lua, a terra e o mar / Pro futuro viajar eu vou / Mistérios que ainda quero desvendar, levar / O destino é quem dirá / O amanhã como será / Sonhei amor e vou lutar / Para o meu sonho ser real / Com a Tijuca, campeã do Carnaval."

Samba-enredo "O sonho e a criação e a criação e o sonho" do C.R.E.S. Unidos da Tijuca. Autores: Jurandir, Wanderlei, Sereno e Enilson.

A transformação implícita na equação é essencial. Os produtos de uma reação, C + D, muitas vezes são profundamente diferentes dos reagentes A + B. Cloreto de sódio é necessário à vida; o metal sódio e o gás cloro, a partir dos quais se forma o cloreto de sódio, são perigosos.

Agora a criação e o sonho entram no foco. Primeiro, aquela equação implica claramente fazer algo novo, C + D, substâncias com propriedades diferentes — uma tintura carmim, farinha feita de mandioca, um novo antibiótico. A química é tão diferente de outras ciências porque tem a síntese em seu âmago. A lógica (e a ética) da criação é bem diferente daquela da descoberta, ou da análise.

E o desejo? A seta para a esquerda acoplada com a seta para a direita na equação da página anterior é o sinal de equilíbrio, de que as reações da esquerda para a direita também atuam da direita para a esquerda. Isso nós tivemos de aprender para entender o funcionamento de nosso corpo bioquímico. Mas os seres humanos são decididos — às vezes até demais; nós queremos coisas, sonhamos com lucros ou utilidades que requerem a produção de C + D e nada mais. E a natureza, como a seta implica, recolhe um pouco desse C + D e transforma novamente em A + B. Isso é um problema? Não — com o conhecimento do equilíbrio, e apenas com esse conhecimento, podemos aprender a perturbar os equilíbrios. Para nossos próprios fins — alguns bons, outros maus.

Este livro trata da química e suas relações com a economia, a literatura, a arte, a sociedade e a história. Com seu enfoque levemente junguiano (mantido em nível baixo para não assustar meus colegas de profissão), ele fornece algumas indicações sobre como a química se relaciona com a psique. E vice-versa. Não há jeito de uma ciência que trata fundamentalmente de mudança ser encarada de modo inteiramente positivo por seres humanos, que são, no fundo, ambivalentes em relação a mudanças. Junte-se a mim, então, em uma jornada que encara essa ciência molecular não como uma disciplina isolada, mas como a ciência verdadeiramente humana — que estuda a química na cultura, a cultura na química. E, sem dúvida alguma, no Carnaval.

Roald Hoffmann, Ithaca, 19 de fevereiro de 2007

Prefácio

Neste livro, defendo a tese de que a química é interessante, tanto para os praticantes da arte, ofício, ciência e negócio das moléculas quanto para o consumidor pensante de seus produtos. O interesse deriva de uma tensão inerente. Todo fato ou processo da ciência, assim como a maneira como eles são vistos, está em equilíbrio precário entre polos extremos. E as polaridades das substâncias e de suas transformações entram em ressonância com as forças situadas nas profundezas de nossa psique.

1.

O que você deseja quando vai ao médico com seu pai idoso, fraco e febril? Compaixão, sem dúvida, mas também exames laboratoriais da química do sangue ou do organismo que provavelmente é a causa de uma pretensa pneumonia. E, se necessário, um remédio, um antibiótico feito sob medida para expulsar esse organismo do corpo de seu pai.

Contra o que eu esbravejo quando a prefeitura decide instalar perto da minha casa um enorme incinerador de lixo que recebe detritos municipais e industriais de todo o estado? Contra o trânsito, o mau-cheiro, as possíveis descargas de alguns íons e moléculas em meu abastecimento de água e de outros poluentes no ar.

As substâncias que você espera do médico e as que temo vir parar em meu ar e minha água são substâncias químicas. O mesmo se pode dizer de você e de mim – substâncias químicas, simples e complexas. Com certeza, você espera do médico mais do que uma receita de algumas substâncias químicas – quer atenção e compaixão. E eu quero mais do que garantias e controle contínuo das substâncias químicas emitidas pelo estabelecimento que abriga o incinerador – quero imparcialidade, um exame real do impacto ambiental e das alternativas à incineração. Mas no mundo material e real, nós – você e eu – convivemos com substâncias químicas e com elas reagimos.

As substâncias químicas que desejamos e tememos – essas que os químicos chamam compostos ou moléculas, desde que sejam razoavelmente puras – não são nem as maiores (o domínio da astronomia) nem as menores (parte da física). Estão exatamente *no meio*, em nossa escala humana. E é por isso que nos preocupamos com elas, não como idealizações remotas e hipotéticas, mas como estando neste mundo. Essas moléculas de produtos farmacêuticos ou de poluentes têm o tamanho exato para interagir para o bem e para o mal, com as moléculas de nossos corpos.

Que um ser humano racional possa ser ambivalente com relação aos produtos químicos, neles vendo coisas benéficas e prejudiciais, não é um sinal de irracionalidade, mas de humanidade. A utilidade e o perigo são os dois polos de uma dualidade. Todo fato em nosso mundo é avaliado, muitas vezes subconscientemente, por nossa mente maravilhosamente racional e irracional, em termos dessas polaridades. Só quem já morreu deixa de questionar "Isso pode ajudar-me?" e "Isso pode prejudicar-me?". Fazer estas perguntas confere ao objeto em investigação, o "isso", uma espécie de vida. Ele está ligado a você. A tensão presente no fato de o objeto ser prejudicial ou inofensivo, ou talvez ambas as coisas, torna-o *interessante*. A etimologia de "interesse" é *inter* e *esse*, estar entre. A tensão em fazer perguntas e lutar com as respostas estabelece um vínculo entre os mundos material e espiritual.

Dano ou proveito, dano e proveito, são apenas uma das polaridades que tornam a química interessante. Neste livro também explorarei outras. A primeira será a de identidade. Como sugere o título deste livro, considero-a a mais importante de todas. Mais adiante, considerarei dualidades tais como estático/dinâmico, criação/descoberta, natural/inatural e revelar/ocultar.

Um fato químico − uma molécula, uma reação − está de algum modo suspenso no espaço multidimensional, real e mental, definido por essas dualidades. Trata-se de uma nova molécula ou de uma já feita antes? É segura ou perigosa? Para quem? Está parada, como parece estar, ou na realidade está movendo-se na velocidade do som? Está presente na natureza ou foi produzida em laboratório? Perguntas e mais perguntas. Perguntas que criam tensão, sobretudo se a resposta for "nenhuma das duas" ou "ambas". Tensão cria vida, o potencial para a mudança. Se há algo central na química, esse algo é a mudança.

2.

Este livro tem também um segundo objetivo, relacionado com o primeiro − dizer a você o que os químicos realmente fazem. Não tenho a intenção de fazer propaganda dos químicos, mas abrir para você uma janela para o mundo dos químicos. Assim você poderá ver como essas dualidades, ligando-se a forças psicológicas comuns a todos nós, fazem parte da vida dos praticantes dessa arte.

Entender é dar-se a si mesmo a possibilidade de não ter medo, caso o interesse seja despertado. O mundo do químico é penetrável. Mediante estudos de casos, mostrarei como as ferramentas e o intelecto são dispostos para responder às perguntas simples que todos fazem: "Como faço isso?", "O que tenho?", "Como isso realmente acontece?", "Como contarei aos outros, se tiver de fazê-la?", "Isso tem valor?".

Responder a essas perguntas da linguagem comum naturalmente nos impele a ponderar sobre as dualidades subjacentes. Assim, perguntar "O que tenho?" se torna "Este pó branco é o igualou diferente de um milhão de pós brancos [sim, no mínimo, há um milhão deles] já produzidos antes por outras pessoas?". Tentarei mostrar, por exemplo, como os químicos lidam com estas questões.

3.

Uma vez que o tema das polaridades por mim realçado estabelece uma ponte entre a matéria e a emoção, não há como evitar a consideração do ser humano, com sua imensa capacidade de curiosidade, audácia criadora e medo. Discutirei o episódio da talidomida, uma falha do sistema e de indivíduos. E falarei da vida complicada, criativa e trágica de um grande químico alemão, Fritz Haber. Farei uma exposição pessoal sobre o que considero ser a responsabilidade social dos cientistas e outra igualmente pessoal sobre como um químico pode responder aos problemas ambientais. Meu objetivo é chegar a um terreno comum, por mais difícil que seja encontrá-lo.

4.

Os químicos não são mais reflexivos que as demais pessoas. Mas as questões que eles colocam, e a arte com que as respondem, levam-nos a considerar as polaridades, assim como as tensões a elas associadas, ou as dualidades por si mesmas se insinuam subconscientemente na mente do químico.

As dualidades – das moléculas e dos processos de sua produção são importantes, a meu ver, na formação de um vínculo entre o químico e o não químico. É possível responder à pergunta "Que temos?" e refletir sobre se a substância produzida é idêntica ou não a outras. Mas por que essa pergunta é interessante? Porque a questão da identidade, da *nossa* identidade, formada na infância numa complexa dança de união e separação, é profundamente importante para nós. Os processos da natureza estão ligados ao mundo interior das nossas emoções.

Identidade e ilusão, origens, bem e mal, compartilhar e reter, restauração, perigo e segurança e superação de obstáculos são alguns dos constructos psicológicos ou das estruturas míticas com que se conecta o mundo das moléculas. Esses pontos focais emocionais moldam, consciente ou subconscientemente, a maravilhosa e lúdica psicologia do químico absorto em suas moléculas. Enxergar isso ajuda a perceber o que motiva os químicos. E acredito que a conexão material-psicológico, expressa por meio das polaridades, permite-nos entender por que apreciamos e tememos as substâncias químicas.

Primeira Parte

Identidade — o problema central

1. Os Gêmeos

Joyce Carol Oates, uma das mais talentosas e profícuas escritoras dos Estados Unidos, escreveu diversas novelas psicológicas de suspense, sob o pouco secreto pseudônimo de Rosamond Smith. De um modo ou de outro, essas novelas tratam da complexidade, da riqueza e dos riscos da condição de gêmeos; tratam da semelhança e da diversidade.

Em *Os gêmeos*, romance publicado em 1987, Oates/Smith leva-nos ao mundo de uma jovem mulher, Molly Marks, que se apaixona por seu terapeuta, Jonathan McEwen. Mas Jonathan tem um gêmeo idêntico, James, cuja experiência ele esconde de Molly, e algum mal secreto e sombrio havia separado os gêmeos. James também psicoterapeuta. Obcecada, Molly sai em busca de James e começa uma complicada relação com ele. Eis a descrição dos irmãos feita por Molly:

Sim, os cabelos de cada um deles se ondulavam em direções opostas, mas *são* os mesmos cabelos, exatamente – textura, espessura, elasticidade, tom de mechas e sombras prateado-cinzentas... Que os dentes deles tendem a desenvolver cáries em lados opostos da boca, Molly não podia saber, mas, no geral, os dentes deles são muito parecidos. Ambos têm o incisivo esquerdo levemente pontudo que lhes dá, aos olhos românticos de Molly, um ar agressivo e libertino, como Mack the Knife... Quando fuma, Jonathan segura o cigarro com a mão direita e, ao soltar a fumaça, costuma contorcer a metade direita do rosto; James segura o cigarro com a mão esquerda e, ao exalar uma luxuriante nuvem de fumaça, contorce o lado esquerdo do rosto. Jonathan parece fumar apenas quando se sente infeliz; James, que evidentemente nunca está infeliz, fuma quando lhe dá na telha. James fuma a marca de cigarros que Jonathan fumava quando Molly o encontrou pela primeira vez; agora Jonathan está experimentando outras marcas, menos fortes e menos satisfatórias, num esforço para parar de fumar.

Ambos os irmãos usam a mesma marca de lâminas de barbear, desodorante, aspirina, pasta de dentes... embora James aperte o tubo de dentifrício em qualquer lugar, ao passo que Jonathan o aperta a partir do fim e aos poucos o vai enrolando.[1]

O que têm a ver com a química os hábitos às vezes idênticos, às vezes espelhados de um par de gêmeos fictícios?

A química, a maneira molecular de conhecer o natural e o inatural, é uma ciência notável, pródiga no modo pelo qual mudou nosso mundo. A química toca todos os aspectos da maneira como vivemos — inclusive, por exemplo, o uso que James e Jonathan fazem de suas lâminas de barbear, desodorantes, aspirinas e pastas de dente. Vestimos roupas de cores a que antigamente só os potentados tinham acesso; vivemos onde, em épocas passadas, já teríamos morrido várias vezes. A Ilustração 1.1 mostra a taxa de sobrevivência de crianças afligidas por uma série de tumores sólidos — dispostos como uma função dos anos deste século.[2] Nada de mais acontece até a quimioterapia ser introduzida.

---

[1] SMITH, R. *Lives of the Twins*. New York: Simon & Schuster, 1987, p.102-3. Direitos autorais © 1987 de Ontario Review, Inc. Reimpresso com permissão de Simon & Schuster, Inc.

[2] *Opportunities in Chemistry*. Washington, DC: National Academy Press, 1985, p.136. Este gráfico foi adaptado de JOHNSON, F. L. "Advances in the

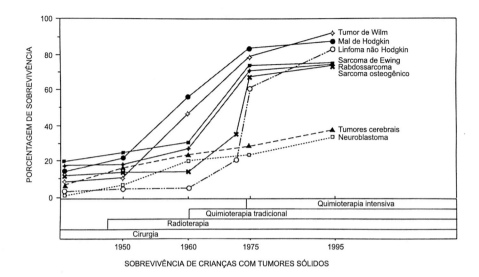

1.1 Porcentagem de sobrevivência de crianças diagnosticadas com vários tipos de tumores sólidos no período entre 1940-95. Cortesia de F. Leonard Jones, M.D.

Por meio da ciência das moléculas e de suas transformações, aprendemos algo sobre o interior invisível da matéria, sobre as múltiplas maneiras por que os átomos se ligam na seda natural e no náilon artificial. *E* lavamos maçãs e outras frutas e legumes nem tanto por causa da sujeira, mas porque temos medo dos resíduos químicos que nós mesmos pusemos neles. A Ilustração 1.2[3] mostra um depósito de lixo químico; a produção industrial ineficiente e as falhas humanas às vezes se unem para poluir o ambiente.

Management of Malignant Tumors in Children", *Northwest Medicine* 7 (1972):759-64. O dr. Johnson forneceu-me gentilmente o gráfico atualizado aqui reproduzido. Ver também a seção sobre "Cancer Trends: 1950-1985", *Annual Cancer Statistics Review*, publicação NIM n.88-2789. Bethesda: National Institutes of Health, 1988, p.II.193-203; NESBIT JR., M. E., "Advances and Management of Solid Tumors in Children", *Cancer* 65, 1990:696-702.

[3] Reproduzido com permissão de JOESTEN, M. D.; JOHNSTON, D. O.; NETTERVILLE, J. T; WOOD, J. L. *World of Chemistry*. Philadelphia: Saunders, 1991.

1.2 Barris de detritos. (Foto de John Cunningham, Visuals Unlimited.)

Tudo isso, na complexa beleza do mundo real, totalmente resistente às categorizações simplistas em termos de bem e de mal, assim como o são a personalidade humana e a arte – tudo isso é química. A imagem de Janus (Ilustração 1.3[4]) é uma boa metáfora de como grande parte do mundo exterior encara a química.

A ambiguidade na maneira pela qual a química é vista é apenas uma dicotomia externa. Há mais. Suspensa centralmente entre os universos físico e biológico, a química não trata do infinitamente pequeno ou grande; preocupa-se apenas indiretamente com a vida. Por isso às vezes é rotulada de enfadonha, como muitas vezes são consideradas as coisas no plano intermediário. Mas há uma dupla surpresa à espera do observador atento da cena molecular; pois esse é um mundo rico e agitado, tanto em suas entranhas quanto nas emoções dos supostamente desapaixonados (mas na verdade apaixonados) pra-

---

[4] De *Panta Rhei*, v.I. Lucerne: Hans Erni-Stiftung, 1981, p.83.

1.3 Hans Erni, "Imagem, de Jano", 1981.

ticantes das artes moleculares. Neste livro, serão exploradas as tensões essenciais da química; buscarei as polaridades que animam, diláceram e reformulam o mundo das moléculas.

O que os gêmeos *têm* a ver com isso? Tudo. As perguntas implícitas na descrição dos gêmeos feita por Molly Marks são: "Quem são vocês?", "Vocês são diferentes?", "Vocês são o mesmo?". A tensão para Molly está no reconhecimento, na identidade, no mesmo e no não mesmo. As mesmas perguntas irresistíveis iniciam o diálogo do químico com a matéria recalcitrante. Ele ou ela pergunta: "O que você é?"; "Você é diferente?"; "Você é a mesma?". O estranho que está dentro; a ideia do mimetismo molecular — essas metáforas fundamentais da imunologia e do desenho de drogas — amplia a noção de identidade molecular. São metáforas fortes, como veremos, pois tocam preocupações profundas de diferenciação, de individuação, do si mesmo.

2. Quem é Você

A primeira pergunta que um químico faz quando está diante de uma amostra de algo novo sob o sol – poeira trazida a preços altíssimos da superfície da Lua, um narcótico impuro recolhido na rua, um elixir extraído de mil glândulas de barata – é sempre a mesma: "O que tenho aqui?". Essa interrogação se revela mais complicada do que se poderia pensar, pois no mundo real tudo é impuro. Se formos examinar as coisas mais puras de nosso meio ambiente – wafers de silício, açúcar de cozinha ou alguns remédios – descobriremos que, no nível de partes-por-milhão, talvez não *queiramos* saber o que há ali!

De fato, tudo é bastante sujo. Sobretudo as coisas naturais, que em média são muito mais impuras do que as sintéticas. É isso mesmo. Foram encontrados cerca de novecentos componentes aromáticos voláteis no vinho;[1] aquele grande Moselle alemão, o Bernkasteler

---

[1] RAPP, A. "Wine Aroma Substances from a Gas Chromatographic Analysis". LISKENS, H. F.; JACKSON, J. F. (Orgs.). *Wine Analysis*. Heidelberg: Springer, 1988, p.29-66. Ver também JACKSON, R. S. *Wine Science*. San Diego: Academic Press, 1993, cap. 6.

Doctor Trockenbeerenauslese de 1976, é identificado pelo provador especialista pela *mistura* de ingredientes, substâncias químicas naturais (o que mais há ali?) que dão ao vinho seu sabor e seu aroma. Curiosamente, embora os ingredientes sejam substâncias químicas quantificáveis, o sabor e o aroma como um todo escapam, em última instância, à perícia do químico. É necessário um especialista em vinhos, com um paladar e um olfato aptos para reconhecer aquele vinho.

Por que as coisas naturais são impuras? Porque os organismos vivos são complexos e um produto da evolução. São necessários milhares de reações químicas, um sem-número de substâncias químicas, para "executar" uma uva ou seu corpo. E a natureza é um trabalhador desajeitado; as soluções para garantir a sobrevivência de uma planta ou de um animal são o resultado de milhões de anos de experimentação aleatória. Os remendos na fábrica da vida vêm em uma espantosa variedade de formas e cores moleculares. Tudo o que funcione é aproveitado. E rudemente moldado por todas essas experiências naturais.[2]

Assim, a pergunta realista deixa de ser "Que é isso?", mas "Quanto disso existe?". Devemos separar a substância em seus componentes constitutivos. Cada componente é um composto, um agrupamento persistente de átomos que permanecem unidos. Esse grupo de átomos é chamado *molécula*; um composto puro é uma substância composta por uma reunião muito grande (as moléculas são minúsculas) de moléculas idênticas. Cada composto terá propriedades muito diferentes; o açúcar e o sal podem ser sólidos cristalinos solúveis em água, mas não é difícil distingui-los por outros atributos físicos (e químicos e biológicos).

Após separar uma substância em seus componentes, queremos identificar os componentes constitutivos. Para um químico, estrutura significa a identidade dos átomos presentes em um composto puro, como esses átomos estão ligados uns aos outros e qual seu arranjo no espaço.

Comecemos com o problema da separação. Sou um colecionador de minerais, e a Ilustração 2.1 mostra uma das maneiras pelas quais

---

[2] JACOB F. "Evolution and Tinkering", *Science* 196, 10 de junho de 1977:1661.

2.1 Fluorita sobre barita. (Foto do Studio Hartmann.)

a natureza os faz: cristais cúbicos de fluorita, cor lavanda clara ou pálida, empoleiram-se sobre cristais de barita de lâminas longas neste espécime do Schwarzwald, região alemã da Floresta Negra.[3] Se o leitor tiver tempo (em escala geológica) disponível, sob certas circunstâncias, as substâncias podem separar-se naturalmente umas das outras, como aconteceu com estas. O método é chamado cristalização fracionada. A paciência da maioria dos cientistas, porém, não é da ordem de milhares de anos. Os cinco anos que os estudantes de doutorado gastam no curso de pós-graduação são algo mais aproximado. Os seres humanos querem uma técnica mais veloz, e então são inventadas máquinas para separar as coisas.

A Ilustração 2.2 é o resultado de uma máquina dessas. Esse "cromatógrafo a gás" custa cerca de 5 mil dólares. Ele separa as moléculas por um processo repetido de adsorção destas em pequenos grãos semelhantes à areia, para soltá-las em seguida. Nessa dualidade de segurá-

---

[3] Reproduzido com permissão de *Mineral Digest* 3, 1972:71.

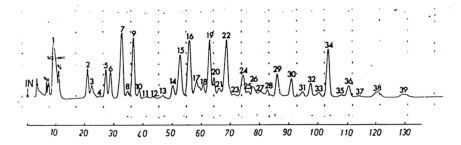

2.2 Trinta e nove picos, cada um dos quais contendo pelo menos um composto do aroma do cacau. O eixo horizontal mostra o tempo em que o composto é eluído de um cromatógrafo a gás. O eixo vertical indica a concentração dos componentes. Reimpresso com permissão de J. P. Marion et al., *Helvetica Chimica Acta* 50, 1967:1509-16.

-las e soltá-las, as diferentes moléculas encontram um equilíbrio diferente e passam pela máquina com maior ou menor velocidade.

O artigo de que extraímos essa ilustração descreve o trabalho de uma equipe de cientistas empenhados em analisar o aroma do cacau fresco.[4] Por que alguém desejaria fazer isso? Os laboratórios da Nestlé em Vevey, na Suíça, certamente podem querer fazer isso. Seus cientistas pegaram apenas 2 mil quilos de cacau de Gana, e dele extraíram o aroma com vapor e diclorometano. Concentraram o extrato até apenas 50 mililitros. Em seguida, puseram frações dele no cromatógrafo a gás. Na ilustração podemos ver os 39 picos em certa escala de tempo, à medida que vão surgindo de sua prova de união e separação no cromatógrafo. Cada um desses picos é pelo menos um composto; os químicos da Nestlé na verdade identificaram 57 compostos diferentes, 35 dos quais nem se sabia antes que estavam presentes no cacau. A complexidade do mundo real nos toma de assalto. Talvez nem todos os 57 compostos (cada um dos quais composto de uma quantidade de moléculas idênticas) sejam necessários para dar aroma ao cacau. Mas é notável como é realmente complicada essa mistura natural.

---

[4] MARION, J. P.; MÜGGLER-CHAVAN, F.; VIANI. R.; BRICOUT, J.; REYMOND, D.; EGLI, R. H. "Sur la composition de l'arôme de cacao", *Helvetica Chimica* Acta 50, n.6, 1967: 1509-16.

O próximo passo é descobrir exatamente quais moléculas estão em cada um desses 39 picos. Em alguns casos, quando as moléculas colaboram, cristalizando-se com clareza, é possível determinar a estrutura da molécula com uma máquina chamada difractômetro de raios X, que custa aproximadamente 100 mil dólares, e uma semana de trabalho.

Um exemplo de uma dessas estruturas moleculares "determinadas cristalograficamente" é mostrado na Ilustração 2.3.[5] Esta não é uma molécula que se encontre no aroma do cacau! Tem três átomos de ródio — ao que sabemos, ninguém nunca achou ródio no cacau. Não que os organismos naturais evitem os metais; o ferro, o cobre, o manganês, o zinco, o magnésio e até mesmo os raros molibdêmio e selênio desempenham papel central nos sistemas vivos. Mas o ródio, fundamental para o funcionamento do conversor catalítico do seu carro (mais sobre isto no Capítulo 34), não é um microelemento biológico essencial. Mostramos a molécula só para indicar a minúcia com que se pode determinar a forma molecular. Nesta representação em estilo *Guerra nas estrelas*, vemos alguns números; são as distâncias entre os átomos. Até mesmo esses pormenores métricos podem ser conseguidos.

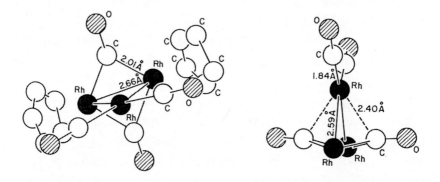

2.3 Duas vistas da estrutura (em um cristal) de $Rh_3 (C_5 H_5)_2 (CO)_4^-$.

---

[5] Adaptado com permissão de JONES, W. D.; WHITE, M. A.; BERGMAN, R. G. "Chemical Reduction of η^5-Cyclopentadienyldicarbonylrhodium", *Journal of the American Chemical Society* 100, 1978:6770-2. Copyright © 1978 American Chemical Society.

3. Besouros D'água

Muitas vezes, porém, as moléculas não colaboram conosco, contando-nos tão diretamente seus mistérios. Podem não nos fornecer os belos cristaizinhos necessários para a técnica (cristalografia de raios X) descrita no fim do último capítulo. Permitam-me contar uma historinha sobre como alguns químicos determinaram a estrutura de uma molécula quando não havia uma solução cristalográfica direta disponível. A história foi extraída do trabalho de alguns colegas meus – Jerrold Meinwald, químico orgânico, e Thomas Eisner, neurobiólogo, entomologista e fisiologista de insetos, ambos de Cornell. Eles têm trabalhado juntos nos últimos trinta anos em ecologia química, nos sistemas de defesa e comunicação dos insetos. Os insetos são os maiores químicos. Mais do que as outras espécies, eles usam com êxito moléculas simples e complexas, separadamente e em misturas de tipo perfume, para se comunicarem em questões de alimentação, defesa, reprodução e comportamento.[1]

---

[1] Ver ANGIER, N. "For Insects the Buzz Is Chemical", *New York Times*, 29 de março de 1994, p.C1.

Podemos ver uma cena típica perto da cidade onde moro, Ithaca, na Ilustração 3.1. É outono, nossa mais bela estação, e folhas de bordo flutuam na superfície de uma lagoa. Sobre essa superfície estão besourinhos. Esses interessantes organismos, besouros d'água, da família *Gyrinidae*, vivem em um único hábitat, a superfície da água. É o sonho de muitos pescadores que usam iscas de insetos simular esse cenário. Uma vez que os besouros d'águas proliferam, Eisner concluiu que eles devem ter um mecanismo de defesa contra os peixes e os anfíbios predadores e decidiu determinar esse mecanismo.

3.1 Uma lagoa com besouros d'água, em Sapsucker Woods, Ithaca. (Foto de Thomas Eisner, Cornell University.)

Um besouro girinídeo, o *Dineutes hornii*, é mostrado em pormenor na Ilustração 3.2. De duas glândulas em forma de saco que se abrem perto da extremidade abdominal, se ameaçado ou maltratado, o besouro expele uma substância branca e leitosa (Ilustração 3.3). Essa substância age como um fagoinibidor para os peixes e talvez para os anfíbios.

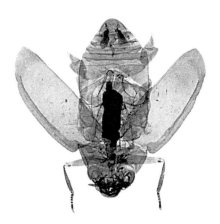

3.2 Besouro d'água, *Dineutes hornii*. (Foto de Thomas Eisner, Cornell University.)

Eisner, Meinwald e Opheim isolaram de cinquenta besouros 4 miligramas de um óleo amarelo, por eles chamado "gyrinidal". Mal se podem enxergar 4 miligramas; é de fato uma gotinha minúscula. Mas partindo desses 4 miligramas eles conseguiram determinar a estrutura das moléculas constitutivas do composto vital (para o inseto).

Como fizeram isso? A história,[2] muito semelhante a uma história de detetives, começa com algumas medições físicas. Na Ilustração

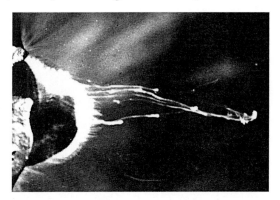

3.3 O besouro d'água expele uma substância defensiva. (Foto de Thomas Eisner, Cornell University.)

---

[2] Ver MEINWALD, J.; OPHEIM, K.; EISNER T. "Gyrinidal: A Sesquiterpenoid Aldehyde from the Defensive Glands of Gyrinid Beetles", *Proceedings of the*

3.4 aparece o primeiro de vários slides que Eisner e Meinwald mostram ao descrever seu trabalho químico para seus colegas de profissão:

50 besouros (glândulas pigidiais) → 4 mg de óleo amarelo "gyrinidal"
IV: 1680; 1663; 1640; 1618 cm^{-1}
UV: 238 (20,300); 325 (sh.) nm (EtOH)
EM: m/e   234.1254
               234.1256 calc. para $C_{14}H_{18}O_3$

3.4 Resumo de vários tipos de observações espectroscópicas sobre o gyrinidal, como apresentados por J. Meinwald em conferência profissional.

Apresento esta ilustração com certa hesitação, pois está repleta de expressões do jargão do ramo. Mas posso explicar em linhas gerais o que está sendo medido, por que e quais informações essenciais os químicos obtêm desses números. Os pormenores não são sem importância, mas a essência do método pode ser vislumbrada. Acho que vale a pena arriscar apresentar uma amostra da química moderna mediante este estudo de caso.

Como foi observado, as moléculas são extremamente diminutas; de fato, se cada uma das moléculas desses 4 miligramas de óleo gyrinidal pudesse ser ampliada até o tamanho de um grão de areia, eles recobririam Ithaca em uma profundidade de cerca de 100 metros. Nenhum microscópio óptico pode vê-las. Mesmo assim, existem mo-

---

National Academy of Sciences (USA) 69, 1972:1208, e "Chemical Defense Mechanisms of Arthropods XXXVI: Stereospecific Synthesis of Gyrinidal, a Nor-Sequiterpenoid Aldehyde from Gyrinid Beetles", *Tetrahedron Letters*, n.4, 1973:281-4. A mesma molécula é usada por outra espécie de besouro d'água, o *Gyrinus natator*, do qual foi independentemente isolada e caracterizada por SCHILDKNECHT, H., NEUMAIER, H.; TAUSCHER, B. "Gyrinal, die Pygidialrüsensubstanz der Taumelkäfer (Coleoptera: Carabidae)", *Justus Liebigs Annalen der Chemie* 756, 1972:155-61.

Sou grato a Jerry Meinwald e Thomas Eisner por compartilharem seus slides e conhecimentos comigo, e a Fred McLafferty por fornecer uma ilustração de um espectrômetro de massa.

dos de sondar suas estruturas, as chamadas espectroscopias. Elas atiçam as moléculas com luz de uma ou outra cor, e a resposta molecular — com luz absorvida ou emitida — permite ao detetive molecular — ao químico, deduzir a estrutura da molécula.

Essas "espectropias" são, na verdade, sinais vindos de dentro e é assim, fenomenologicamente, que elas funcionam. Sabemos que a frequência de uma corda de violão retesada depende (a) do comprimento da corda vibrante (é para isso que servem os trastos) e (b) da espessura da corda e do material de que é feita. Os pormenores qual exatamente a nota que se obtém de uma corda de latão de 1 milímetro de diâmetro — podem ser obtidos pelo físico ou pelo engenheiro. Imagine um estranho violão em uma sala cujo interior não possamos ver. Se conseguirmos fazer que alguém pegue o violão e conhecermos a teoria das cordas vibrantes, dos sinais vindos da sala escura (o violão sendo tocado), podemos deduzir o comprimento e a espessura das cordas.[3]

IV e UV são abreviaturas, respectivamente, das espectrografias de "infravermelho" e de "ultravioleta", duas máquinas, duas técnicas, que atingem as ondas de luz e escutam a resposta. EM é a abreviatura de "espectrometria de massa", um terceiro instrumento. Os números misteriosos indicam em estenografia espectroscópica o resultado das medições. A Ilustração 3.5 mostra uma dessas máquinas, um espectrômetro de massa.

As máquinas de IV e UV custam cerca de 5,5 mil dólares cada uma, ao passo que o instrumento EM chega a monumentais 220 mil dólares. Ressalto o preço, pois alguém aí de fora está pagando pelos brinquedos dos químicos. *Você* está pagando esses brinquedos, que nos trazem conhecimentos fundamentais e confiáveis acerca dos besouros d'água e de muitos outros aspectos do mundo. Isso é pesquisa,

---

[3] Para mais informações acerca dos usos da espectroscopia na determinação das estruturas, ver JOESTEN; JOHNSTON; NETTERVILLE; WOOD. *World of Chemistry*. Ver também "Signals from Within" no programa n.10 do telecurso da Annenberg/Corporation for Public Broadcasting *The World of Chemistry*, disponível em videotape em Annenberg/CPB, P.O. Box 1922, Santa Barbara, Calif. 93116-1922.

3.5 Um espectrômetro de massa do tipo usado por Meinwald, Opheim e Eisner em seu estudo do gyrinidal. A máquina na ilustração é uma Hitachi MS-8OA, um espectrômetro de massa atual.

é útil, e também é um *Jogo das contas de vidro*.* Os pagadores devem estar cientes dos custos por vezes substanciais da pesquisa básica.

A mais cara dessas reluzentes máquinas, o espectrômetro de massa, justifica o preço que tem. Ele essencialmente pesa a molécula e nos diz com grande precisão que no gyrinidal há 14 carbonos, 3 oxigênios e precisamente 18 — e não 17 ou 19 — hidrogênios.

Mas o químico quer saber mais do que a fórmula $C_{14}H_{18}O_3$. Como se ligam esses átomos entre si, qual a forma da molécula? As duas outras espectroscopias utilizadas na Ilustração 3.4 nos dão uma ideia, mas nada prova a estrutura da molécula. Para responder a essa questão, Meinwald e Opheim usaram em seguida outra máquina, que custa cerca de 200 mil dólares, chamada espectrômetro RMN. O que essa máquina faz é medir o campo magnético em cada átomo de hidrogênio que está na molécula. Cada átomo de hidrogênio situado em um ambiente microscópico diferente de outro emite um sinal

---

* Referência ao livro homônimo de Hermann Hesse. (N.E.)

diferente. Os pequenos bipes que vemos na Ilustração 3.6 são mais uma vez mensagens vindas de dentro, pistas sobre a identidade dos diferentes átomos de hidrogênio do gyrinidal. A mesmíssima técnica é usada na formação de imagens por ressonância magnética. E aconselho vivamente você a se informar sobre o preço de uma instalação de RM.

Eis como os químicos raciocinaram: No espectro (Ilustração 3.6), há um pico nas proximidades de 9.97, outro pico em 1.82 e um em 2.27, em alguma escala. Esses picos, como já disse, são característicos do hidrogênio em diferentes ambientes. O pessoal de Cornell sabia ou leu que em mil outras moléculas se descobrira que toda vez que há um pico no espectro nas proximidades de 9.97, esse pico é característico, uma impressão digital de um hidrogênio que se ligou a um carbono que, por sua vez, tem um oxigênio ligado a ele (HCO) – ao passo que o pico em 1.82 está associado com um hidrogênio ligado a um carbono que *não* tem um oxigênio ligado a ele, mas está ligado a dois outros hidrogênios (HCH$_2$). Essas associações de espectros com estruturas, e outras semelhantes, levaram os químicos a compor peça por peça a estrutura da molécula. Ao final, surgiu a sugestão (mais do que isso – ela está correta!) de que o gyrinidal é a molécula mostrada na Ilustração 3.7.

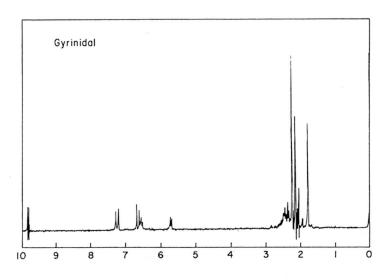

3.6 Um espectro de ressonância magnética nuclear (RMN) do gyrinidal.

[Diagrama da estrutura do gyrinidal com marcações de RMN:
2.27(S), 1.82(J=2Hz), 2.18(J=2.5Hz), 6.82+7.36 (J=16Hz), 6.74(J=6Hz), 2.45(M), 5.78(J=8Hz), 9.97(J=8Hz)
GYRINIDAL: 220 MHz ESPECTRO]

3.7 A estrutura deduzida do gyrinidal. O número remete à posição nos "picos" da RMN mostrados na Ilustração 3.6. É também uma reprodução de um slide técnico usado por J. Meinwald em conferência sobre o gyrinidal.

Esta é uma determinação de estrutura. E um ponto de partida para algumas reflexões. A primeira coisa a dizer, algo que já sugeri, é que essa atribuição de átomos e suas ligações têm um ar muito parecido com uma história de detetives. Todas as preciosas peças de evidência, todos os bipes e picos e vales fornecidos por instrumentos de milhares de dólares, *nada* disso prova nada por si só. São apenas pistas. Nas mãos de uma pessoa inteligente, são reunidas e intelectualmente ligadas entre si, como peças de um quebra-cabeça e, de um modo muito parecido com uma narrativa, revelam ao responsável treinado por diagnósticos moleculares a história da estrutura de uma molécula. Na maioria dos casos, a solução se mostra correta.[4]

---

[4] Para uma descrição evocativa e legível do processo de determinação de estruturas que dá ênfase aos elementos de suspense e segredo que fazem desta parte da química uma aventura, ver a narrativa de um mestre da arte em sua autobiografia: DJERASSI, C. *The Pill, Pygmy Chimps, and Degas' Horse*. Nova York: Basic Books, 1992, p.82-4.

4. Combate ao Reducionismo

A engenhosidade que permite atribuir uma estrutura ao gyrinidal é repetida milhares de vezes por dia pelos químicos, orgânicos ou inorgânicos. A determinação de estruturas utiliza medições físicas e a sua interpretação. O profissional de química desta arte entende em linhas gerais a física que está por trás de determinada espectroscopia, mas então muitas vezes usa essa física por analogia, observando que mil outros compostos têm um pico assim e assado em certo lugar do espectro. Para alguns, isso não constitui um entendimento suficiente. Diriam que é preciso ir mais a fundo na física, identificar os diversos mecanismos ou causas que estão por trás desse sinal vindo de dentro, e calcular realmente o seu resultado. Não se deve dizer que *se entende* a técnica até realmente saber que um pico deve estar em 9.97 e não, por exemplo, em 9.87 ou 10.07.

O que se pode dizer de uma pessoa que busca esse tipo de entendimento? Não podemos negar que se trata de uma coisa boa. Quem busca esse entendimento retrocederá cada vez mais fundo, entrando em modo reducionista. Ele ou ela se absorverá nas origens do fenômeno físico e provavelmente fará boa ciência. Mas arrisco-

-me a prognosticar que ele ou ela não descobrirá muitas estruturas. A psicologia da descoberta de soluções envolve certo "traçar uma linha" mental impor um limite a si mesmo sobre quão fundo se deve ir. Aqueles que vão cada vez mais fundo estão em busca de um tipo de conhecimento diferente do dos que querem resolver o problema.

Isso nos coloca diante do reducionismo e dos modos de entender. Por reducionismo entendo a ideia de que há uma hierarquia das ciências, com uma definição correspondente de entendimento e um juízo de valor implícito acerca da qualidade desse entendimento. Essa hierarquia vai das humanidades, por meio das ciências sociais e da biologia, até a química, a física e a matemática. Numa caricatura do reducionismo, aspiramos ao dia em que a literatura e as ciências sociais serão explicadas por funções biológicas, as biológicas pelas químicas, e assim por diante. Devemos provavelmente os primórdios dessa filosofia a René Descartes e sua afirmação mais explícita a Auguste Comte e à tradição racionalista francesa.[1]

Os cientistas adotaram o modo reducionista de pensar como ideologia dominante. Mas essa filosofia tem muito pouca relação com a realidade dentro da qual os próprios cientistas trabalham. E isso causa um perigo potencial ao discurso dos cientistas dirigido ao resto da sociedade.

Julgo que a realidade do entendimento é a seguinte: cada campo do saber humano ou arte desenvolve sua própria complexidade de questões. Os problemas enfrentados pela química são, sob certos aspectos, mais complexos do que os da física. Boa parte do que chamam de entendimento é uma discussão de questões no contexto da complexidade ou hierarquia de conceitos que são desenvolvidos dentro desse campo. Se quiséssemos condenar esse modo de pensar, chama-lo-íamos de quase circular. Eu não o condenaria; acho que

---

[1] Para uma introdução à história do reducionismo, ver NAGEL, E. *The Structure of Science: Problems in the Logic of Scientific Explanation*. Nova York: Harcourt Brace, and World, 1961. Uma distinção convincente entre diferentes tipos de reducionismo é feita por MAYR, E. *The Growth of Biological Thought*. Cambridge: Harvard University Press, 1982, p.59-64.

esse tipo de entendimento é quintessencialmente humano e proporcionou grande arte e grande ciência.[2]

Há maneiras verticais e horizontais de entender. A maneira vertical consiste em reduzir um fenômeno a algo mais profundo – o reducionismo clássico. A maneira horizontal consiste em analisar o fenômeno dentro de sua própria disciplina e ver suas relações com outros conceitos de igual complexidade.

Permitam-me ilustrar a futilidade do reducionismo com uma *reductio ad absurdum*. Suponhamos que você recebeu uma carta anônima. Nessa carta há uma folha de papel com um poema de quatro versos, "Eternity", de William Blake:

> Quem prende a si mesmo uma alegria
> Destrói a vida alada.
> Mas quem beija a alegria enquanto ela voa
> Vive na alvorada da eternidade.*

Conhecer a sequência de disparas de neurônios de quando o poeta escreveu determinado verso, ou em nossa mente quando o lemos, ou na mente da pessoa que enviou a carta, conhecer a fantástica e bela complexidade das ações bioquímicas que estão por trás do disparo dos neurônios e a química e a física por trás dela, tal conhecimento *é* incrível e desejável, tal saber pode proporcionar muitos prêmios Nobel, eu quero ter esse conhecimento, *mas*... ele nada tem a ver com entender o poema, no sentido de que você e eu entendemos um poema ou dirigimos um carro ou vivemos neste terrível e maravilhoso mundo. O "entendimento" do poema de Blake deve ser procurado no nível da linguagem em que foi escrito, e a psicologia envolvida na escrita e na leitura dele. Não no disparo de neurônios.

Se você estiver disposto a aceitar um salto entre as humanidades e a ciência, eu lhe direi que até mesmo em dois campos das "ciências

---

[2] Ver HOFFMANN, R. "Nearly Circular Reasoning", *American Scientist* 76, 1988:182-85.

* He who binds to himself a joy / Does the winged life destroy / But he who kisses the joy as it flies / Lives in eternity's sun rise.

naturais duras" tão próximos um do outro como a física e a química, até mesmo *lá* existem conceitos na química que não são redutíveis à física. Ou se forem assim reduzidos, perderão muito do que os torna interessantes. Pediria ao leitor que for químico que pense em ideias como a de aromaticidade, acidez e basicidade, no conceito de grupo funcional ou num efeito do substituinte. Essas bolações tendem a perder o brilho se tentarem defini-las muito de perto. Não podem ser matematizadas, não podem ser definidas sem ambiguidade, mas são de fantástica utilidade para a nossa ciência.[3]

O reducionismo é muitas vezes usado mais como uma muleta psicológica do que como uma descrição realista de como funciona o entendimento. Poderíamos pensar, por exemplo, que os físicos ficariam felizes com uma filosofia reducionista, pois eles estão perto da base. Em maior profundidade ainda, talvez, estão os matemáticos. Poder-se-ia esperar, portanto, que os físicos tenham uma atitude positiva com relação aos matemáticos. Mas então pergunte a seu físico local quais são seus sentimentos para com os matemáticos. O que se costuma obter é uma quantidade de respostas negativas, tais como "os matemáticos são pouco práticos", "eles não recebem sua inspiração de nós", "não lidam com a realidade". É óbvio que para os físicos a cadeia reducionista acaba na física. E para o químico, ao falar com um economista ou um biólogo, ela muitas vezes acaba na química.

Além disso, a adesão à filosofia reducionista é potencialmente perigosa. Um modo vertical de entender cria um abismo entre nós e nossos amigos das artes e das humanidades. Eles sabem muito bem que não existe só uma maneira de "entender" ou de lidar com a morte de um parente ou com o problema das drogas em nosso país ou com uma xilografia de Ernst Ludwig Kirchner. O mundo lá fora é refra-

---

[3] Ver também NYE, M. J. *From Chemical Philosophy to Theoretical Chemistry: Dynamics of Matter and Dynamics of Disciplines* (Berkeley: University of California Press, 1993), cap. 10. Para uma visão contrastante (e, em minha opinião, teimosa) da química como uma "ciência reduzida" em nosso século, ver KNIGHT, D. *Ideas in Chemistry*. New Brunswick, N.J.: Rutgers University Press, 1992, cap. 12.

tário à redução, e se insistirmos em sua irredutibilidade, tudo o que faremos é colocar-nos numa caixa. A caixa é a classe limitada de problemas que são suscetíveis de entendimento reducionista. É uma caixinha pequena.[4]

---

[4] Que não haja dúvida de que discordo veementemente aqui da fogosa defesa do reducionismo de Steven Weinberg, em seu livro *Dreams of a Final Theory*. Nova York: Pantheon, 1992, especialmente cap. 3.

5. O Peixe, a Minhoca e a Molécula

Depois dessa pequena diatribe contra o reducionismo, permitam-me voltar ao que Meinwald, Opheim e Eisner fizeram. Eles determinaram a estrutura do gyrinidal, como vimos. Em seguida sintetizaram-no no laboratório. Na realidade *fizeram* gyranidal. Voltarei a tratar da síntese, o rival da análise pelo coração da química. Por enquanto, permitam-me mostrar o bioensaio dos pesquisadores de Cornell, um teste para ver se o material sintético é ou não ativo.

Na Ilustração 5.1, a foto no canto superior esquerdo mostra um achigã faminto, sem comer há vários dias. Na mesma foto aparece uma minhoca, pintada com 4 décimos de micrograma do material sintético (o que é muitíssimo pouco: sem um microscópio não se podem ver 4 décimos de micrograma). O peixe faz o que foi programado para fazer (Ilustração 5.1, canto superior direito). Podemos ver a minhoca em sua boca. O peixe, então, passa a ter uma forma de comportamento instintivo, expelindo o objeto de gosto desagradável (Ilustração 5.1, canto inferior esquerdo), para finalmente decidir (Ilustração 5.1, canto inferior direito) que a minhoca não servia para o que queria.

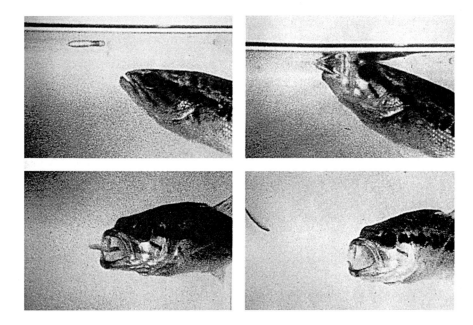

5.1 O bioensaio do gyrinidal sintético. (Fotos de Thomas Eisner, Cornell University.)

Será que isso prova alguma coisa? Não, não prova. Não prova que o material sintético seja idêntico ao natural. Outros testes fazem isso. Mas o bioensaio prova, sim, que o material sintético é um bom fagoinibidor, uma interessante e potencialmente útil peça de informação na interminável busca de conhecimentos confiáveis. E embora não prove a identidade entre os materiais sintético e natural, faz crescer a confiança dos pesquisadores em que sejam idênticos. Esse não é um papel sem importância para as provas circunstanciais; o trabalho de procurar conhecimentos confiáveis é difícil, e até mesmo desgastante. Precisa-se de todo apoio que se possa obter. E não apenas de uma bolsa de pesquisa.

Embora a principal atividade química em discussão aqui, a síntese, seja tratada em minúcia mais adiante, não posso deixar de citar a história de outro bioensaio, tal como foi contada por John Cornforth, um grande químico orgânico:

> Uma equipe está estudando nos Estados Unidos o atrativo sexual da fêmea da barata americana. Passou-se ar quente sobre um número muito

grande desses animais e em seguida por uma armadilha fria. Através de mais refinamento, foi obtida uma minúscula parte do material ativo e foi proposta uma estrutura, com base nas medições físicas. (Ilustração 5.2)

$$CH_3-\underset{\underset{CH}{|}}{\overset{\overset{CH_3}{|}}{C}}-C=\overset{\overset{CH_3}{|}}{\underset{\underset{OCOC_2H_5}{}}{C}}-CH_3$$

5.2 A estrutura proposta (mas incorreta) do atrativo sexual da barata americana.

Havia então, como agora, um número considerável de químicos procurando avidamente um pretexto para sintetizar alguma coisa, e o efeito dessa estrutura era algo como o de um cavalo morto jogado em um lago cheio de piranhas. Eis aqui uma pequena molécula que pede a aplicação de reações atualizadas, e a desculpa para sintetizá-la era compensadora; um suprimento adequado do material, obviamente não disponível em fontes naturais, poderia possivelmente desempenhar seu papel no controle de uma praga nociva. Em três anos, foram comunicadas seis abordagens, todas muito engenhosas. Duas delas foram bem-sucedidas, as outras foram honrosos erros por pouco. Assim a molécula foi perfeitamente sintetizada e o composto tornou-se facilmente disponível. Houve apenas um porém – a estrutura proposta estava errada e o material sintético era inativo. Uma senhora de meu conhecimento observou na época que, embora a molécula não fosse muito boa para atrair baratas macho, certamente atraiu muitos químicos orgânicos... mas talvez fosse mais gentil dizer que a síntese, neste caso, foi a prova final da não estrutura.[1]

---

[1] CORNFORTH, J. W. "The Trouble with Synthesis", *Australian Journal of Chemistry* 46, 1993:157-70.

6. Distingui-los

De volta a *Os gêmeos* de Rosamond Smith. As almas de James e Jonathan não podem ser mais diferentes. Mas serão mesmo? Molly fica presa em seu amor pelos dois. Mais adiante, no momento crítico em que pela primeira vez os gêmeos e ela se encontram, escreve Smith:

> Um dos homens está correndo na direção de Molly; o outro também começa a correr e o alcança. Homens altos e cabeças duras, de ombros largos, de cabelos escuros; de aparência idêntica, mas — serão de fato idênticos? Molly nunca tinha visto os dois juntos antes e nunca sentira aquele choque visceral, um terror tão forte quanto um chute no estômago. Ela se lembrou dos temores relativos aos gêmeos, nas culturas primitivas; das superstições referentes aos gêmeos — de que um deles ou os dois deviam ser mortos ao nascer. Como podem essas criaturas ser distinguidas? Como, sem a colaboração e o consentimento deles?[1]

---

[1] SMITH, R. *Lives of the Twins*, p.235.

De fato, como podem as criaturas ser distinguidas, sem sua colaboração e seu consentimento? Na química, a tensão básica, que está presente desde o começo, é a dos gêmeos, do mesmo e do não mesmo, da identidade, do si mesmo e do não si mesmo. Com outras dualidades, que examinaremos, esta impulsiona a ciência. Será por tocar em algo profundo de nossa psique?

7. Isomerismo

Permitam-me ser mais específico no que se refere ao problema de identidade na química. Aprendemos, com muita engenhosidade e esforço, que toda matéria é feita de moléculas, que, por sua vez, são compostas de átomos. Matéria há que é atômica em sua composição (gás hélio ou argônio), feita inteiramente de um só elemento, mas os átomos estão ligados de alguma maneira simples ou complexa (os átomos de ferro no metal de ferro, carbono no grafite ou no diamante). Mas a maior parte das coisas é molecular, feita de agrupamentos persistentes de átomos ligados.[1]

Este ícone da química, a Tabela Periódica de Mendeleyev, é mostrado na Ilustração 7.1. Existem cerca de noventa elementos naturais, cerca de cinquenta radioativos, feitos pelo homem ou pela mulher. Mas que mundo monótono seria se houvesse só 105 coisas nele! Qual-

---

[1] Duas introduções à química muito legíveis são JOESTEN, JOHNSTON, NETTERVILLE e WOOD, *World of Chemistry*; e PETER W. ATKINS, *Molecules*. Nova York: Scientific American Library, 1987. Ver também ROALD HOFFMANN e VIVIAN TORRENCE, *Chemistry Imagined*. Washington, D.C.: Smithsonian Institution Press, 1993.

	1																2
1	H																He
	3	4											5	6	7	8	9	10
2	Li	Be											B	C	N	O	F	Ne
	11	12											13	14	15	16	17	18
3	Na	Mg											Al	Si	P	S	Cl	Ar
	19	20	21	22	23	24	25	26	27	28	29	30	31	32	33	34	35	36
4	K	Ca	Sc	Ti	V	Cr	Mn	Fe	Co	Ni	Cu	Zn	Ga	Ge	As	Se	Br	Kr
	37	38	39	40	41	42	43	44	45	46	47	48	49	50	51	52	53	54
5	Rb	Sr	Y	Zr	Nb	Mo	Tc	Ru	Rh	Pd	Ag	Cd	In	Sn	Sb	Te	I	Xe
	55	56	57	72	73	74	75	76	77	78	79	80	81	82	83	84	85	86
6	Cs	Ba	La	Hf	Ta	W	Re	Os	Ir	Pt	Au	Hg	Tl	Pb	Bi	Po	At	Rn
	87	88	89	104	105	106	107	108	109									
7	Fr	Ra	Ac	Rf	Ha													

*Lantanídios →

58	59	60	61	62	63	64	65	66	67	68	69	70	71
Ce	Pr	Nd	Pm	Sm	Eu	Gd	Tb	Dy	Ho	Er	Tm	Yb	Lu

*Actinídios →

90	91	92	93	94	95	96	97	98	99	100	101	102	103
Th	Pa	U	Np	Pu	Am	Cm	Bk	Cf	Es	Fm	Md	No	Lr

7.1 Tabela Periódica. Reproduzida com permissão ele A. J. HARRISON; E. S. WEAVER, *Chemistry*. Nova York: Harcourt Brace Jovanovich, 1991, p.110.

quer metro quadrado deste lindo mundo mostra uma riqueza muito maior. Tudo no mundo — seja açúcar, aspirina, ADN, bronze, hemoglobina — é feito de moléculas, moléculas com cores, propriedades químicas, toxicidade reprodutíveis, todas elas consequência não apenas da identidade de seus componentes atômicos como também da maneira pela qual esses átomos se ligam uns aos outros.

Essa conexão entre átomos é chamada ligação. E, meu amigo, como eles se ligam! Não se trata, porém, de um acoplamento aleatório; há regras nesse cruzamento de quebra-pau e caso de amor. Assim, o carbono normalmente liga-se a outros quatro, e o hidrogênio forma uma *liaison* (de fato, esta é a palavra francesa para ligação) com outro átomo. E então começa o jogo entre os dois, pois um não tem CH — pelo menos não muito (isso não satisfaria o desejo forçado pela ligação, e quando se acha CH, é da espécie reativa mais instável) — exceto CH_4, metano. Podem-se formar também ligações carbono-carbono, e o jogo de construção começa para valer com a série dos hidrocarbonetos:

metano, etano, propano etc. (Ilustração 7.2). A cadeia se constrói; sua aproximação do infinito é esse polímero onipresente, *o mais importante plástico de nossos tempos*, o polietileno (Ilustração 7.3).

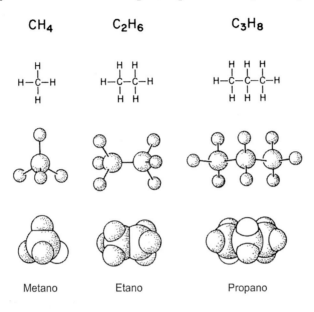

7.2 Metano, etano e propano em três representações: a estrutura química, um modelo de tipo bola-e-vareta e um modelo de tipo preenchimento de espaço.

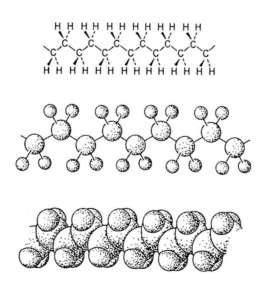

7.3 Polietileno $(CH2)_n$, em três representações

Logo descobrimos que as regras do jogo (muito simples — cada carbono pode formar quatro ligações; cada hidrogênio, uma) permitem que existam duas ou mais moléculas feitas dos mesmos átomos e com o mesmo número e tipo de ligações. Assim, para C_4H_{10} temos o *n*-butano e o *iso*-butano (Ilustração 7.4).

n-Butano   Isobutano

7.4 Diversas representações dos dois isômeros do butano

Cada um deles tem três ligações C-C e dez ligações C-H. São, porém, diferentes; não muito, veja bem, mas diferentes o bastante — quanto à volatilidade, ao calor gerado quando esses constituintes do petróleo são queimados — para que isso *seja relevante*.

O fenômeno é chamado *isomerismo*, e sua elucidação foi um triunfo da química do século XIX. À medida que cresce o número de átomos, crescem as possibilidades de isomerismo. Há dois butanos, mas três *isômeros estruturais* do pentano, o hidrocarboneto de cinco carbonos (Ilustração 7.5).

O número de isômeros cresce violentamente, como revela esta tabela relativa aos alcanos (uma classe de compostos de carbono e

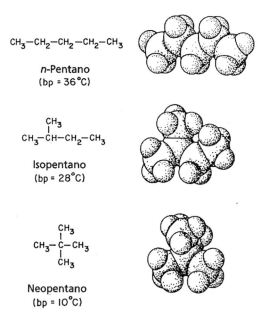

7.5 Os três pentanos. Seus pontos de ebulição são diferentes, como indicado.

hidrogênio).[2] E as moléculas da vida dificilmente são tão pequenas assim. A fórmula química da hemoglobina (uma molécula a que me referirei com frequência) é $C_{2954}H_{4516}N_{780}O_{806}S_{12}Fe_4$. Imagine o número de isômeros dessa molécula natural!

Antes de maldizermos a perversa complexidade da natureza, devemos relaxar, parar e compreender (como disse anteriormente) que a multiplicidade de funções de uma coisa tão elaborada como o corpo humano *exige* tal complexidade. E mais. A diversificação proporciona riqueza; a simplicidade pode ser confortável para nossa mente débil, mas não para o texto vivo deste mundo.

O isomerismo estrutural não é o único tipo de isomerismo de que dispomos. Também existe o isomerismo geométrico, exemplificado

---

[2] O número aqui citado não inclui os chamados isômeros geométricos e ópticos (descritos mais adiante). Estes mostrariam um aumento ainda mais fantástico – para o $C_{20}H_{42}$ há 3.395.964 isômeros, por exemplo, se levarmos em conta todos os tipos de isomerismo.

Tabela 7.1
Número de isômeros estruturais dos hidrocarbonetos C_nH_{2n+2}

Fórmula	Número de isômeros
CH_4	1
C_2H_6	1
C_3H_8	1
C_4H_{10}	2
C_5H_{12}	3
C_6H_{14}	5
C_7H_{16}	9
C_8H_{18}	18
C_9H_{20}	35
$C_{10}H_{22}$	75
$C_{15}H_{32}$	4.347
$C_{20}H_{42}$	366.319
$C_{30}H_{62}$	4.111.846.763
$C_{40}H_{82}$	62.491.178.805.831

pelos dois etilenos substituídos por dois bromos, como mostra a Ilustração 7.6. Observe-se que em ambos os isômeros $C_2H_2Br_2$ os átomos estão ligados da mesma maneira, mas há uma diferença na geometria — em um dos casos os dois bromos estão juntos um do outro e no outro caso eles se opõem.

No sistema visual, nos cones e bastões de nossa retina, a energia da luz faz que um isômero geométrico de uma molécula chamada

cis-1,2-dibromoetileno   trans-1,2-dibromoetileno

7.6 Cis e trans- 1,2-dibromoetilenos, isômeros geométricos.

retinal se transforme em outro. A mudança não é muito diferente, em sua essência, do ilustrado para o dibromoetileno. Um impulso nervoso é disparado e, por fim, a molécula volta à geometria original, pronta para o próximo fóton.

Outro lugar onde *cis* e *trans* são importantes é em nossa fascinação com as gorduras. Essas são moléculas de longas cadeias que se parecem com um pedaço de polietileno com uma ou mais ligações duplas no meio da cadeia, e um grupo COOH (ácido) no fim. São possíveis os arranjos *cis* e *trans* nas ligações duplas; os isômeros *cis* são de aparência mais retorcida, os trans são mais lineares. Essas diferenças geométricas traduzem-se em reatividade biológica. Os ácidos graxos *trans* aumentam a indesejada lipoproteína de baixa densidade colesterol (LDL) no sangue e reduz o "bom" colesterol (HDL). É por isso que as gorduras "*trans*-insaturadas" (bem como as saturadas) não são especialmente boas para nós.[3]

Pequenos detalhes geométricos são importantes − o corpo importa-se com eles.

---

[3] WILLETT, W. C.; ASCHERIO, A. "Trans Fatty Acids: Are the Effects Only Marginal?", *American Journal of Public Health* 84, 1994:722-4.

8. Existem Duas Moléculas Idênticas?

Eis aqui essas minúsculas entidades, que aprendemos a conhecer e (alguns de nós) a amar. Em um gole de água há um número incrivelmente grande (cerca de 10^{24}) de moléculas de água. E elas são idênticas, não são?

Não exatamente. Temos de nos preocupar com os *isótopos*. São modificações do átomo de um elemento, em que o núcleo é diferente (há nele um número diferente de nêutrons, com o mesmo número de prótons), mas o número de elétrons é o mesmo. Assim, no caso do hidrogênio, há três isótopos: o hidrogênio normal (um elétron que se move ao redor de um núcleo de um único próton); o hidrogênio pesado ou deutério (um elétron ao redor de um núcleo com um próton e um nêutron) e o trítio (também um elétron, mas um núcleo com um próton e dois nêutrons). Na nomenclatura oficial dos isótopos, o número total de prótons e nêutrons juntos é dado em sobrescrito antes do símbolo do elemento.

$$^1H = H \qquad ^2H = D \qquad ^3H = T$$
hidrogênio deutério trítio

Uma vez que a massa do átomo reside predominantemente nos prótons e nêutrons, há uma diferença no peso desses isótopos — um átomo de deutério pesa aproximadamente duas vezes mais do que o de hidrogênio normal (*ergo*, hidrogênio "pesado") e o trítio, três vezes mais. Além disso, o trítio é radioativo; seu núcleo se parte espontaneamente.

A massa dos isótopos torna-os diferentes. Mas será que eles são diferentes quimicamente? A pergunta não é tola — há diferenças e diferenças. Clint Eastwood e Woody Allen são por certo personalidades diferentes. Mas para o cirurgião que os opera e procura o ponto onde a aorta esteja relativamente ao coração, talvez eles não pareçam tão diferentes.

A química *não* é determinada (em uma primeira aproximação) pela natureza dos núcleos atômicos. As energias presentes nas reações químicas não estão, graças a Deus, nem um pouco próximas das necessárias para desencadear reações nucleares. A química é controlada pelos elétrons dos átomos — os milagres cotidianos da hemoglobina que liga oxigênio ou do seu fogão a gás que se acende vêm das regiões externas dos átomos, onde andam os elétrons, "sentindo" uns aos outros. O que faz o hidrogênio agir "quimicamente" como hidrogênio é o número de elétrons ao redor do núcleo, que corresponde ao número de prótons, mas não depende da contagem de nêutrons.

É por isso que as moléculas feitas de elementos existentes em uma mistura de isótopos são um maravilhoso exemplo do mesmo e do não mesmo. As modificações isotópicas da molécula são diferentes o suficiente para podermos dizer que elas existem (podemos pesá-las com um instrumento que custa alguns milhares de dólares, uma versão barata daquele espectrômetro de massa que mencionamos anteriormente). Mas não diferentes o bastante para serem relevantes, ou seja, sua química é aproximadamente a mesma.[1]

---

[1] *Existem* diferenças no comportamento químico dos isótopos. Se não existissem, não poderíamos separá-los tão facilmente como podemos. Assim, os pontos de ebulição das moléculas diatômicas H_2 e T_2 diferem em quase 5°C. A água enriquecida com deutério é muito facilmente prepara-

Permitam-me deter-me no caso da água. Na terra, as abundâncias naturais de H, D e T e dos três isótopos naturais do oxigênio, ^{16}O, ^{17}O e ^{18}O são dadas abaixo:[2]

H	99,985%	^{16}O	99,759%
D	0,015%	^{17}O	0,037%
T	10^{-20}%	^{18}O	0,204%

Ora, de onde elas vêm? As proporções de isótopos foram determinadas pelos processos de queima nuclear ocorridos nos primeiros minutos do universo e pela história específica da formação de nosso sistema solar e de nosso planeta. Seria um pouco diferente em um planeta de um sol de uma galáxia distante. As abundâncias de isótopos são um dado terrestre, embora haja neles uma pequena variação geográfica. A vida média do trítio radioativo é tão breve (a meia-vida do trítio é de doze anos) que nenhum deles existe desde o começo; todos foram criados, de modo muito natural, pelo impacto dos raios cósmicos sobre a Terra.

Assim, não há uma molécula de água que ocorra naturalmente, mas um número contável delas – precisamente, dezoito tipos. Seis deles aparecem no desenho a seguir, também existem seis que contêm ^{17}O e outros seis com ^{18}O (Ilustração 8.1).

8.1 Os seis isotopômeros de H_2O com o isótopo de oxigênio de massa atômica 16.

---

da por eletrólise: o gás H_2/D_2 produzido é esvaziado em deutério. Ver GREENWOOD, N. N.; EARNSHAW, A. *Chemistry of the Elements*. Oxford: Pergamon, 1984, cap. 3, para obter mais referências.

Para um divertido episódio com água pesada, ver os trabalhos de Chaplain Albert Tappman na continuação de Joseph Heller para *Catcg22: Closing Time*. Nova York: Simon & Schuster, 1994.

[2] As abundâncias foram tiradas de WEST, R. C. (Org.). *The CRC Handbook of Chemistry and Physics*, 53.ed. Cleveland, Ohio: Chemical Rubber Company, 1972.

É fácil calcular as abundâncias relativas desses *isotopômeros*, isótopos apenas em função da diferença isotópica de seus átomos constitutivos. $H_2^{16}O$ é o mais comum, 99,8 vezes mais provável de se achar neste gole d'água do que o $H_2^{18}O$. E o $T_2^{17}O$ é o menos comum; em média, nenhuma molécula no gole, ou mesmo na Terra, será desse tipo.

Todos eles são naturais, todos eles são água. Seria muito prejudicial à saúde beber T_2O, não por causa de sua química, mas pela radioatividade. O pouco de água tritiada que há na água normal é algo com que evoluímos durante milhões de anos. Pode até ser que as variações ao acaso provocadas por mutações induzidas por essa radioatividade tenham sido necessárias para nos levar ao estágio presente da complexidade criativa humana.

Existem duas moléculas de água idênticas? Com certeza. Neste gole d'água, 99,9% dessas 10^{24} moléculas de água são idênticas. Isso é muita mesmice.

Mas a água é simples. Examinemos um organismo vivo e consideremos uma proteína, a hemoglobina. Ela contém grande quantidade de átomos: precisamente 2.954 carbonos, 4.516 hidrogênios, 780 nitrogênios, 806 oxigênios, 12 enxofres e 4 ferros. Os carbonos existem naturalmente em três isótopos: ^{12}C (o mais abundante), ^{13}C e ^{14}C. Isso também acontece com o hidrogênio e o oxigênio, como vimos. O nitrogênio vem em duas formas isotópicas que ocorrem naturalmente; o enxofre, em quatro; o ferro, em quatro também. (Há quatro átomos de ferro em cada hemoglobina; eles são essenciais para a atividade da molécula.) O número de diferentes isotopômeros de hemoglobina é astronômico (opa, por que não dizer número químico!). Fazendo a combinatória, chega-se à conclusão de que para uma molécula como essa, tão grande, mesmo com um número imenso de moléculas (cerca de 10^{17} moléculas de hemoglobina em uma gota de sangue), a probabilidade de que duas minúsculas moléculas de hemoglobina extraídas dessa gota sejam exatamente iguais, em cada pormenor isotópico, é muito, muito pequena! Henning Hopf, que me sugeriu discutir esse tema, chama isso de "individualização de compostos".[3]

---

[3] HOPF, H. Braunschweig, comunicação particular. Agradeço a Mike Senko e a Grisha Vajenine as discussões sobre a abundância dos isotopômeros.

Assim, a resposta à pergunta que serve de título a este capítulo é: "Não, no caso de uma molécula realmente grande, provavelmente não há duas moléculas idênticas neste gato burmês". Mas será isso relevante química ou biologicamente? Não, a química (e a utilidade ou toxicidade para os seres humanos) de todas essas minúsculas entidades que diferem só quanto à composição isotópica é quase idêntica. Elas são diferentes, mas não diferentes o bastante para que isso seja relevante – como as folhas de bordo que caem das árvores em meu jardim, quando tudo o que quero é varrê-las dali.

9. Apertos de Mão no Escuro[1]

No reino das diferenças, ainda mais sutil é a quiralidade (de *kheirós*, a palavra grega para "mão"). Algumas moléculas existem em distintas formas de imagem especular, relacionadas umas com as outras como a mão esquerda está para a mão direita. Muitas, mas não todas, das propriedades macroscópicas dos compostos dessas moléculas de imagem especular são as mesmas – têm idênticos pontos de fusão, cores etc. Mas algumas propriedades diferem e, às vezes, de maneira crucial. É o caso, por exemplo, de sua interação com outras moléculas de quiralidade oposta, como as que temos em nosso corpo. Assim, os *enantiômeros* (esse é o nome de formas distintas de uma molécula quiral) podem ter propriedades biológicas drasticamente diferentes. Podem ter gosto doce e suas formas especulares ser insípidas. E a forma de imagem especular da morfina é um analgésico muito menos potente.

---

[1] Este ensaio é uma adaptação de "A Hands-on Approach" em HOFFMANN, R.; TORRENCE, V. *Chemistry Imagined*. Washington, D.C.: Smithsonian Institution Press, 1993, p.95-9.

Nosso conhecimento acerca da quiralidade começou em 1850, como um Louis Pasteur aos 26 anos, antes que estudasse os micro-organismos ou inventasse a pasteurização ou desenvolvesse a vacina contra a raiva. Ele ficou interessado pela rotação óptica e a relacionou com um curioso problema de não identidade de dois compostos que deveriam ser idênticos.[2]

Faz parte da natureza que seus detalhes pouco nítidos e aparentes obscuridades sejam pistas para o mundo de dentro. A rotação óptica parece uma curiosidade ainda hoje, relacionada como está com a capacidade que certas substâncias têm de girar o plano de luz polarizada – descoberta feita na França no começo do século XIX. A luz é uma onda. Com essa onda movem-se campos elétricos e magnéticos, a oscilar no espaço e no tempo. Na luz normal, a oscilação em forma de onda ocorre em qualquer plano. Mas é possível filtrar luz "plano-polarizada", que também é luz, ainda possui cor e intensidade, mas é diferente da seguinte maneira – na luz plano-polarizada, os campos elétrico e magnético que constituem a luz se limitam a oscilar em um único plano. Os filtros que criam essa luz especial partindo da luz comum são chamados polarizadores. Vemo-los nos óculos escuros e em algumas janelas de avião, e a Polaroid ganhou muito dinheiro com eles.

Foram descobertos compostos químicos que giram o plano de luz polarizada. Põe-se luz polarizada em um plano e depois de passar pelo cristal ela é polarizada em outro plano diferente. E os cientistas franceses observaram que sólidos cristais de quartzo, que eram imagens especulares em sua aparência externa, giravam o plano de luz polarizada em direções opostas.

Nesse ínterim, surgiu um quebra-cabeça na química de outra parte importante da cultura francesa – a fabricação de vinhos. Você provavelmente já viu cristais finos e incolores, talvez crescendo na rolha, em alguns vinhos brancos. Eles são um produto da fabricação de vinhos (e são muito mais abundantes na parte interna das garrafas de

---

[2] Para um relato absolutamente legível desta notável história, ver JACQUES, J. *The Molecule and Its Double*, trad. inglesa de Lee Scanlon. Nova York: McGraw-Hill, 1993.

vinho e nos vasos de fermentação!), um sal de ácido tartárico. Esse material que ocorre naturalmente é, na verdade, opticamente ativo, como a maioria das moléculas biológicas. Em outro estágio do processo de fermentação, foi isolada uma substância, o ácido racêmico. Ele tem exatamente a mesma composição atômica que o ácido tartárico. Mas o ácido racêmico não gira o plano de luz polarizada; é opticamente inativo. O mesmo — mas o não mesmo.

Pasteur recristalizou um sal de ácido racêmico. Ao observar os cristais no microscópio, notou que vinham em duas variedades muito semelhantes, mas não sobreponíveis. Depois de muito trabalho, com pinças, ele separou as formas de cristal de imagem especular, para a esquerda de um lado, para a direita do outro. Ao se dissolver a solução dos dois cristais girou o plano de luz polarizada em direções opostas — uma em sentido horário, a outra em sentido anti-horário. E uma delas era idêntica ao ácido tartárico que aparece na natureza.

O ácido racêmico é uma mistura 1:1 de ácido tartárico opticamente ativo e seu enantiômero de imagem especular. Essas substâncias não se diferenciavam apenas em sua forma cristalina (o que, como sabemos atualmente, foi um lance de sorte; na maioria das vezes, as misturas de formas para a esquerda e para a direita de uma molécula cocristalizam-se em uma forma não quiral). São também opticamente ativas em solução; isso significa que a quiralidade não existe apenas nos grandes cristais, mas reside mais fundo, nas minúsculas moléculas presentes na solução.

Um dos momentos dramáticos na história da química ocorreu quando o decano dos estudos franceses sobre rotação óptica, Jean-Baptiste Biot, cético em relação ao relatório de Pasteur, ordenou que Pasteur repetisse a experiência em seu laboratório. Biot preparou o sal de ácido racêmico de acordo com a receita de Pasteur, Pasteur separou os cristais sob o microscópio, bem ali, à vista de Biot. Biot dissolveu as pequenas amostras de cristais segregados e mediu ele mesmo a rotação óptica deles. Essa é a essência do conhecimento confiável — uma experiência reprodutível!

Foi preciso um quarto de século e mais o trabalho de outros dois jovens químicos de menos de trinta anos, J. H. van't Hoff, de Leyden, e J. A. Le Bel, de Estrasburgo, para explicar, com minúcia molecular, o que está por trás da atividade óptica. Eles propuseram que os átomos de carbono são "tetraédricos", ou seja, que as quatro ligações formadas pelo carbono se estendem nas direções de um tetraedro regular (Ilustração 9.1):

9.1 Um átomo de carbono tetraédrico.

Aqui, nossa notação é esse código visual convencional (primitivo) que os químicos usam na descrição de estruturas tridimensionais: uma linha sólida está no plano do papel; uma linha pontilhada aponta "para trás" desse plano; uma cunha, para a frente.

Consideremos agora a possível existência e identidade de formas de imagem especular, dada a geometria tetraédrica do carbono. Se tivermos um ou dois ou três diferentes substituintes ao redor de um átomo de carbono (e é isso que faz a química sintética, trocar uma peça de uma molécula por outra), a imagem especular será idêntica à molécula espelhada. Isso não se dá com *quatro* grupos diferentes no carbono, como mostra a Ilustração 9.2:

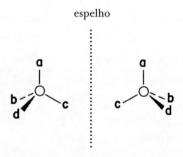

9.2 Imagens especulares não sobreponíveis.

A molécula à esquerda *não* é idêntica à da direita. A única maneira de se convencer do fato é tentar sobrepor as imagens especulares. Se pusermos **a** e **b** em cima uma da outra, **c** e **d** ficarão fora do lugar. Se sobrepusermos **a** e **d**, **b** e **c** não se encaixarão. A Ilustração 9.3 mostra a inútil tentativa de sobrepor essas moléculas de imagem especular não sobreponíveis (chamadas enantiômeros, como já indicamos). As moléculas que têm o potencial de existir como formas para a esquerda e para a direita são chamadas *quirais*.

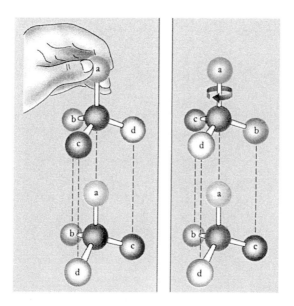

9.3 Tentativa de sobreposição de moléculas de imagem especular não sobreponíveis. Reproduzido com permissão de J. D. JOESTEN; D. O. JOHNSTON; J. T. NETTERVILLE; WOOD, J. L. *World of Chemistry*. Philadelphia: Saunders, 1991, p.363.

O que tudo isso tem a ver com as mãos? Isso talvez não seja óbvio à primeira vista, mas os descritores essenciais da mão são o polegar, o dedo mínimo, a palma e o dorso. Eles desempenham exatamente o mesmo papel que **a, b, c** e **d**, os grupos químicos que diferenciam os enantiômeros. Há muito mais detalhes na mão (impressões digitais, sua linha da vida), e isso também acontece com a molécula. Mas a essência topológica da mão ou da molécula com um carbono é descrita por quatro marcadores.

Como separamos as moléculas de imagem especular umas das outras? A separação de cristais, que foi o que Pasteur fez, muitas vezes não funciona. Outro método, também inventado por Pasteur, é alimentar um organismo vivo com a mistura de enantiômeros. As bactérias normalmente metabolizam a molécula de uma quiralidade e excretam a outra. Mas há muitas moléculas que mesmo uma bactéria não come. Eis aqui um roteiro de um filme não feito de Antonioni que ilustra o método mais comum do que é chamado "resolução óptica":

Você (um destro) está a ponto de entrar em uma sala preta como carvão, cheia de partes de manequins. Se você não conseguir separá-las,

9.4 A *Madonna Sistina* de Rafael. Qual é a imagem especular?

algo terrível acontecerá com você. Não há problema. Você começa a apertar as mãos de um sem-número de mãos de velhos manequins. Você coloca de um lado as mãos que pode apertar confortavelmente, do outro, as mãos esquerdas que não se adaptam.

Na resolução, um reagente quiral é adicionado à mistura de moléculas para a esquerda e para a direita. Ele forma dois compostos fisicamente distintos − o composto de uma mão direita apertando uma mão esquerda de manequim é de forma diferente e não é a imagem especular de uma mão direita apertando uma mão direita. Estas são separáveis, têm propriedades diferentes. São separadas e

então, em uma reação subsequente, são divididas para fornecer os componentes.

Distinguir a esquerda da direita não é algo trivial. Heinrich Wölfflin, o grande historiador da arte, conta como todos os conferencistas de arte já sofreram com os slides projetados ao contrário. A imagem especular aparece na tela e alguém diz instintivamente, "Isso não está certo!". Wölfflin prossegue dizendo que deveríamos realmente parar e perguntar por que achamos que uma imagem sem problemas óbvios, como um texto invertido ou um exército de canhotos de espada nas mãos, por que imagens *aparentemente* neutras quanto à esquerda-direita devem ser percebidas como corretas ou incorretas.[3]

De uma minuciosa análise de exemplos predominantemente europeus (ver, p. ex., a Ilustração 9.4), Wölfflin defende de modo convincente a existência de um código compartilhado pelo artista e o espectador, uma maneira psicologicamente profunda e culturalmente condicionada de ler as pinturas.

Esquerda e direita são, *sim*, importantes na biologia, pois nossos corpos são moleculares e quirais. Nossas proteínas são como as mãos no roteiro da sala escura; costumam responder de maneira diferente a moléculas quirais. A Ilustração 9.5 mostra d- e l-carvona, dois enantiômeros, em representações bi e tridimensionais (a d-carvona pode ser isolada do cariz e da semente de endro; a l-carvona, da hortelã). E são responsáveis por boa parte do gosto e do odor dessas plantas – elas cheiram a endro ou a hortelã – quer sejam extratos naturais, quer sejam feitas em laboratório.

O fato de os enantiômeros poderem ter cheiros diferentes diz-nos que os receptores olfativos humanos são eles próprios moléculas quirais, como uma luva para a mão esquerda ou direita. Nossos receptores podem distinguir entre mãos esquerdas e direitas.

---

[3] WÖLFFLIN, H. "Über das Rechts und Links im Bilde", em *Gedanken zur Kunstgeschichte*. Basileia: Benno Shwabe, 1940, p.82-96. A *Madonna Sistina* de Rafael foi reproduzida com permissão do Staatliche Kunstsammlungen Dresden. A pintura está na Gemäldgalerie Alte Meister, Dresden.

Apertos de mão no escuro 67

9.5 d- e l-carvona representadas por modelos de bola-e-vareta (*acima*) e fórmulas estruturais (*a seguir*). (Foto do modelo por cortesia de Daniel N. Harpp, McGill University.)

As amostras de enantiômeros (Ilustração 9.6, à esquerda) não *aparentam* ser muito diferentes. Mas para o nosso olfato, ou para a luz polarizada, elas *são* diferentes. E nós as utilizamos – em condimentos ou na pasta de dente, ou para dar sabor aos chicletes.[4]

---

[4] Sou grato a David Harpp não só pelas ilustrações dos enantiômeros da carvona, mas também por apresentar esse curso sobre o "Mundo da Química" em Cornell.

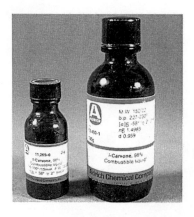 

9.6 d- e l-carvona como "produtos químicos" e em produtos naturais e artificiais. (Fotos: cortesia de David N. Harpp, McGill University.)

Há produtos farmacêuticos quirais cujas propriedades curativas se devem justamente a uma ou duas formas quirais e outros em que ambos os enantiômeros são efetivos, mas um é de alguma forma tóxico ou nocivo. Uma dessas drogas é a D-penicilamina, muito usada contra a artrite reumática.[5] Vou contar a triste história de outra droga quiral, a talidomida, no Capítulo 27.[6]

---

[5] Mckean, W. F.; LOCK, C. J. L.; HOWARD-LOCK, H. E. "Chirality in Antirheumatic Drugs", *Lancet* 338, n.8782-83, 1991:1565.

[6] David Harpp chamou-me a atenção para o notavelmente minucioso exame do dextro- e levometorfano no romance de CORNWELL, P. D. *Body Evidence*. Nova York: Avonm 1991, p.236-47.

10. Mimetismo Molecular

Há, portanto, muita complexidade no mundo molecular – e com essa deliciosa riqueza o problema de distinguir as moléculas umas das outras. Como distinguimos A de B, a mão esquerda da mão direita? Ou o amigo do inimigo, o que somos do que não somos? O reconhecimento, e sua subversão e burla intencionais são cruciais; esse é o *modus operandi* de muitos venenos em nosso corpo, e é o modo como muitos produtos farmacêuticos nos ajudam.

E por que não? O mimetismo funcionou com Jacó, que com a conivência da mãe usou o aroma e o tato para enganar Isaac e ludibriar Esaú quanto à bênção paterna; e outra trapaça levou à queda de Troia (sendo ambas as ações de valor positivo ou negativo, dependendo da perspectiva – e decisivas para a história, seja qual for a perspectiva). Seguem aqui quatro pequenas histórias de trapaça química, natural e artificial.

1.

A hemoglobina, uma maravilhosa proteína, carrega oxigênio dos pulmões para as células. A Ilustração 10.1 é uma representação esquemática dessa molécula absolutamente incrível, que, aliás, provavelmente conhecemos com mais minúcia do que qualquer outra molécula biológica de complexidade semelhante.[1] A hemoglobina é composta por quatro partes ou "subunidades" que se encaixam firmemente. É notável que estas, na realidade, se modifiquem duas vezes durante o desenvolvimento fetal, para melhorar a absorção de oxigênio.

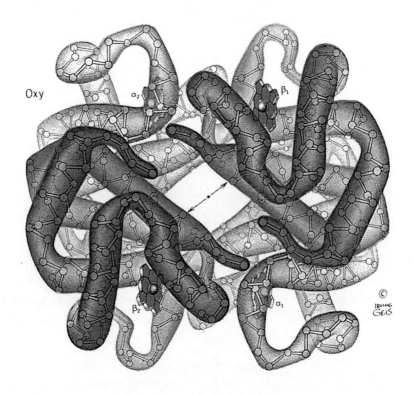

10.1 Hemoglobina em sua forma oxigenada. (Desenho © de Irving Geis.)

Cada uma das subunidades do transportador de oxigênio é uma cadeia enrolada de átomos (um "polipeptídeo" composto de aminoácidos) com 440 átomos de comprimento. Aninhada nos bra-

---

[1] Para uma exposição acerca do que sabemos sobre a hemoglobina, ver STRYER, L. *Biochemistry*, 3.ed. Nova York: Freeman, 1988, cap. 7.

ços dessa enrolada obra-prima molecular de complexidade funcional está uma unidade molecular em forma de plaqueta, um *heme*. Em seu centro está um átomo de ferro, e é com esse ferro que o O_2, o oxigênio, se liga. Em cada subunidade as dobras da proteína ao seu redor formam um bolso (equipado até com uma porta molecular), que guia o oxigênio para dentro e para fora e o ajuda a ligar-se com o átomo de ferro.

A bricolagem evolucionária que levou à hemoglobina aparentemente ocorreu na ausência de muito monóxido de carbono. Então surgimos nós, humanidade, e as combustões incompletas ocasionadas por nós e por nossas ferramentas (em especial pelo motor do automóvel) agora podem gerar localmente altas concentrações de CO. O monóxido de carbono entra no bolso da hemoglobina — tão finamente elaborado pelo trabalho do acaso para o O_2 — e se liga com o ferro do heme algumas centenas de vezes melhor do que o tencionado O_2. As moléculas de hemoglobina são utilizadas pelo CO e ficam incapacitadas para sua função. As células começam a morrer por falta de oxigênio.

Neste caso, estabelecer melhor uma ligação com alguma outra coisa do que com o que era "visado" pode matar, pelo menos potencialmente. Chamar isso de "trapaça" é excesso de antropomorfismo, pois o monóxido de carbono não tem vontade. A molécula faz o que faz — a química simplesmente funciona melhor com o CO. Esta é, porém, uma história de semelhanças e diferenças — o tamanho pequeno do CO e sua semelhança com o O_2 permitem-lhe entrar no bolso da proteína. No Capítulo 35, veremos como se pode criar um catalisador para reduzir o CO emitido pelo escapamento da combustão interna do motor.

2.

A ligação competitiva pode também ser usada para salvar, assim como para matar. O etileno glicol é um eficiente anticongelante que às vezes é engolido, acidentalmente ou de propósito. O etileno glicol, por si mesmo, não é tóxico, mas é convertido por uma série de enzimas de nosso corpo em ácido oxálico (presente também nas folhas cruas de ruibarbo), que ataca os rins.

No corpo de algumas pessoas que acidentalmente bebem anticongelante, a primeira enzima que põe as mãos no etileno glicol é a álcool desidrogenase. A enzima é uma pequena fábrica química, uma proteína que catalisa com eficiência algumas reações químicas. As enzimas recebem prosaicamente seu nome de acordo com a tarefa que executam, e a álcool desidrogenase é usada pelo corpo para tirar, como o nome sugere, algum hidrogênio de uma classe de moléculas chamadas álcoois: o etileno glicol pertence a ela. O álcool comum, o etanol, também.

Uma das terapias contra o envenenamento por etileno glicol consiste em administrar doses quase intoxicantes de etanol. O etanol compete eficientemente pelos braços amorosos do álcool desidrogenase e com isso bloqueia a transformação do etileno glicol, que assim é excretado sem sofrer transformação.[2] As duas moléculas, etileno glicol e etanol, são mostradas na Ilustração 10.2:

$$\begin{array}{cc} H_2C-OH & H_2C-OH \\ | & | \\ H_2C-OH & H_2C-H \end{array}$$

10.2 Etileno glicol (*esquerda*) e etanol (*direita*).

Eles são de fato semelhantes, mas a semelhança é na verdade mais de função química do que de forma. Ambos são álcoois, o que significa quimicamente que contêm um grupo OH. Tais conjuntos de átomos trazem consigo um conjunto característico de propriedades, como a cor e a reatividade. Outros "grupos funcionais" de que você talvez

---

[2] Ver ibidem, p.195 e 363, para mais sobre a álcool desidrogenase. Outros "inibidores" da álcool desidrogenase têm sido testados terapeuticamente: PORTER, C. A. "The Treatment of Ethylene Glycol Poisoning Simplified", *New England Journal of Medicine* 319, n.2, 14 de julho de 1988:109-10. Uma molécula de sabor doce (e também venenosa) próxima, no que se refere à química, do etileno glicol é o dietileno glicol, $HOCH_2CH_2OCH_2CH_2OH$. Ele foi adicionado ao vinho em um famoso escândalo de adulteração de vinhos austríacos em meados da década de 1980: DROZDIAK, W. "Bonn Seizes Austrian Wine", *Washington Post*, 12 de julho de 1985, p.A30.

já tenha ouvido falar são o COOH (ácido orgânico), HCO (aldeído), CN (cianeto) e ROR (éter, onde R é qualquer grupo orgânico). Os grupos funcionais de uma molécula são como as alças de um vaso, de formas diferentes, que possibilitam os modos de reconhecimento de que precisam as moléculas em louca colisão (figurativa, senão literalmente, no escuro) em um tubo de ensaio.

3.

A quimioterapia, o uso de substâncias químicas sintéticas no tratamento de doenças, começou em 1909, com a descoberta, feita por Paul Ehrlich, do Salvarsan (arsfenamina) para o tratamento da sífilis. O grande desenvolvimento da indústria alemã de tintas — com sua colaboração articulada de químicos competentes (que fizeram centenas de novos compostos) e biólogos, farmacêuticos e médicos (que em seguida testaram sistematicamente essas drogas potenciais em animais e humanos) — levou a uma série de rápidos sucessos no que se refere a doenças tropicais e de protozoários. (Só meio século depois, a ausência de sinalização para que tais testes fossem executados de modo adequado causou o desastre da talidomida, uma história terrível que contarei mais adiante.)

Apesar desses êxitos iniciais, porém, não havia nenhum agente antibacteriano até meados da década de 1930 e o aparecimento das sulfas. As moléculas que por fim se tornaram as sulfas foram sintetizadas pelo conglomerado químico alemão IG Farbenindustrie, inicialmente por seu uso potencial como corantes. A primeira delas, p-aminobenzenossulfonamida ou sulfanilamida, foi fabricada em 1908. Havia indícios de que ela e outros corantes afins fossem bactericidas, mas não foram investigados sistematicamente até 1932-35, quando Gerhard Domagk, diretor de pesquisas de patologia e bacteriologia experimentais na IG Farben, realizou um minucioso estudo da atividade biológica dessa molécula. Ele foi ajudado pela capacidade dos químicos da IG Farben de fazerem grande quantidade de compostos afins para ele.[3]

---

[3] GOODMAN; L. S.; GILMAN, A. *The Pharmacological Basis of Thempeutics*, 8.ed. Nova York: Pergamon, 1990.

As sulfas logo foram reconhecidas como ativas contra uma série de infecções por estreptococos (a filha de Domagk foi uma das primeiras pacientes humanas a receberem o tratamento). O artigo de Domagk, de 1935, sobre "Uma contribuição à quimioterapia das infecções bacterianas" tornou-se "não só um clássico, mas – medido por estritos padrões experimentais e estatísticos – uma obra-prima de avaliação atenta e crítica de um novo agente terapêutico".[4]

Com as sulfas, a probabilidade de sobrevivência dos pacientes com meningite, certas pneumonias e febre puerperal aumentaram drasticamente. Em *The Youngest Science*, Lewis Thomas descreve vividamente o impacto, em um trecho autobiográfico:[5]

> Para a maioria das doenças infecciosas presentes nas enfermarias do Hospital Boston City em 1937, não havia nada a fazer a não ser o repouso na cama e o bom atendimento das enfermeiras.
>
> Chegaram então as explosivas notícias da sulfanilamida, e o começo de uma autêntica revolução na medicina.
>
> Lembro-me do espanto quando os primeiros casos de septicemia pneumocócica e estreptocócica foram tratados em Boston, em 1937. O fenômeno era quase inacreditável. Ali estavam pacientes moribundos, que com certeza teriam morrido sem o tratamento, com aparência cada vez melhor em questão de horas após terem recebido a medicação e sentindo-se perfeitamente bem no dia seguinte ou em poucos dias.
>
> Os profissionais mais profundamente afetados por esses acontecimentos extraordinários foram, acho eu, os internos. Os médicos mais velhos ficaram igualmente surpresos, mas não se perturbaram com a notícia. Para o interno, era o começo de um mundo completamente novo. Fomos treinados para estarmos prontos para um tipo de profissão, e percebemos que a própria profissão tinha mudado no momento de nossa chegada. Sabíamos que outras variantes moleculares da sulfanilamida estavam a caminho da indústria e já tínhamos ouvido fa-

---

[4] Erich Posner, no verbete sobre Domagk em GILLESPIE, C. C. (Org.). *Dictionary of Scientific Biography* 4:153-56. Nova York: Scribner's, 1970–.
[5] THOMAS, L. *The Youngest Science*. Nova York: Viking, 1983, p.35.

lar da possibilidade da penicilina e de outros antibióticos; ficamos convencidos, da noite para o dia, de que nada estaria fora do alcance no futuro.

(Resistirei à tentação de falar mais sobre Gerhard Domagk, salvo para mencionar que, como Boris Pasternak algumas décadas mais tarde, Domagk foi forçado por um regime ditatorial a declinar do Prêmio Nobel a ele conferido em 1939.)

Como funcionam as sulfas? Por mimetismo molecular. O ácido fólico ou folato é um componente celular essencial de nosso corpo, uma estação no caminho da síntese de moléculas mais complicadas. Precisamos dele em nossa dieta (é da família da vitamina B), mas a maioria das bactérias faz seu próprio ácido fólico. Fazem-no com enzimas que utilizam o ácido p-aminobenzoico (Ilustração 10.3, à esquerda). A sulfanilamida é mostrada à direita; outras sulfas geram no corpo moléculas muito parecidas com ela. A sulfanilamida é parecida com o ácido p-aminobenzoico, o bastante para enganar as enzimas que sintetizam o ácido fólico das bactérias, inibindo, assim, seu crescimento.

A essência dessa história de trapaças, descoberta por sorte no caso das sulfas e atualmente um componente estratégico de qualquer esquema de projeção de drogas, é que a burla ou a inibição deve ocorrer em um mecanismo biológico específico do patógeno, e não no anfitrião.[6]

10.3 São mostrados o ácido p-aminobenzoico (*esquerda*) e a p-aminobenzenossulfonamida (sulfanilamida) (*direita*).

As sulfas foram os primeiros antibióticos. Precederam a penicilina, mas a história poderia ter sido outra. Para citar Erich Posner:

---

[6] Para uma crítica da tendência natural a se cair em metáforas milenaristas ao se descrever o *design* de drogas e a ação do sistema imunológico, e uma conti-

Ironicamente, naquela mesmíssima época uma placa de ágar com um agente antibacteriano ainda mais potente – penicilina – permanece esquecida no Hospital St. Mary, em Londres. Seu dono, Alexander Fleming, ficou interessadíssimo no prontosil e nos derivados da sulfonamida que a ele se seguiram, mas em seus muitos artigos sobre os tratamentos antibacterianos e antissépticos publicados entre 1938 e 1940 jamais mencionou a penicilina, cuja ação antiestafilocócica observara pela primeira vez em 1928...

Domagk teve sorte em receber a adequada ajuda química, cuja falta impediu Fleming de progredir em seus estudos sobre a penicilina por onze anos.[7]

4.

Ali onde os nervos encontram com o músculo estriado há uma junção neuromuscular, um intervalo. Um sinal precisa ser transmitido; isso é feito por pequenas moléculas, que se difundem alegremente através da fenda entre o nervo e as células musculares. Preeminente entre essas moléculas é a acetilcolina, cuja estrutura é mostrada na Ilustração 10.4:

$$HO-\underset{\underset{O}{\|}}{C}-O-CH_2-CH_2-\overset{+}{N}(CH_3)_3$$

10.4 Acetilcolina, um neurotransmissor.

Existem diversos "receptores" para a acetilcolina na membrana das células musculares. Eles são complexos, mas não mais do que uma montagem de proteínas ou um canal na membrana celular. A

---

nuação interessante e relevante da história ele Jacob, ver HOFFMANN, R.; LEIBOWITZ, S. "Molecular Mimicry, Rachel and Leah, the Israeli Male, and the Inescapable Metaphor in Science", *Michigan Quarterly Review* 30, n.3, 1991:382-97.

[7] Posner, no verbete sobre Donagk em GILLESPIE, C. C. (Org.). *Dictionary of Scientific Biography* 4:153-6.

ligação da acetilcolina com seu receptor enfim executa (rapidamente) a contração do músculo.

10.5 Preparação do curare por um índio Yanomami no território amazônico da Venezuela. (Foto: cortesia de Robert W. Madden © National Geographic Society.)

O curare é um venerável preparado do Novo Mundo de origem vegetal, utilizado tradicionalmente pelos índios da América do Sul para envenenar a ponta das flechas. Um dos componentes ativos (lembre-se, tudo é mistura!) é a d-tubocurarina, cuja estrutura é mostrada na Ilustração 10.6.

Esse ingrediente do curare age competindo eficientemente com a acetilcolina nos sítios receptores naturais dela. Uma vez ligado com o receptor da acetilcolina, o ingrediente do curare não desencadeia a cadeia de eventos que levam à contração do músculo. O sinal do nervo ocorre em vão; o músculo fica, de fato, paralisado.[8]

---

[8] Para mais informações sobre o curare, assim como um rico e fascinante material sobre o mimetismo molecular, ver o maravilhoso livro de MANN, J. *Murder, Magic, and Medicine*. Oxford: Oxford University Press, 1992.

10.6 A estrutura molecular da t-tubocurarina.

Ocasionalmente a d-tubocurarina tem sido usada como um relaxante muscular em cirurgias. Uma dose de apenas 20 ou 30 miligramas provoca uma paralisia que dura cerca de 30 minutos. Deve-se providenciar ventilação artificial, pois, como no caso das vítimas dos índios sul-americanos, os músculos respiratórios são paralisados.

Por que a d-tubocurarina se liga tão eficazmente com um receptor que evoluiu para reconhecer a acetilcolina? Na estrutura do veneno vislumbramos uma pista: repetido duas vezes no anel está um nitrogênio de carga positiva, que carrega dois CH_3 bem como outro carbono (parte de um anel). Uma característica estrutural de tipo "trialquilamônio", incomum no mundo biológico, pode ser claramente percebida em um extremo da acetilcolina.

Jacó vestiu as roupas do irmão, com peles de bode nas mãos e no pescoço, para parecer peludo. A impressão e o cheiro de Esaú bastaram para ludibriar Isaac, que não era um homem estúpido ou pouco perspicaz.

Um pedaço de d-tubocarinina parece-se com um pedaço de acetilcolina. Mas meu juízo de "parecer-se" é primitivo — indiquei um único agrupamento celular nesses retratos esquemáticos de uma molécula. Como já foi sugerido no Capítulo 7 (e é algo que constitui um ponto importante, a que voltarei em capítulo subsequente), há mais de um modo de se representar (e portanto reconhecer) uma molécula. Podemos limitar-nos a traçar linhas entre símbolos atômicos. Ou tentar esboçar a forma tridimensional da molécula. Ou de algum modo representar o volume de seus átomos, o chamado modelo de preenchimento de espaço. Ou estimar o campo elétrico que dele emana. Ou se pode (isto é, outra molécula) "acariciar" a molécula. Existem para nós, ou para as moléculas, muitas maneiras de "vermos" ou "sentirmos" uns aos outros. Há muitas maneiras pelas quais Isaac, ou nós, ou uma molécula, podemos decidir se "o outro" é ou não o mesmo.

Segunda Parte

A maneira como é dito

11. O Artigo de Química*

Os cientistas têm uma atitude muito ambivalente no que se refere à maneira pela qual as histórias são contadas. Por um lado, a língua é supostamente irrelevante – supostamente aprendemos que devemos relatar os fatos, nada além de fatos. Equações matemáticas e estruturas químicas sem ambiguidade tornam a história cristalina, seja qual for o lugar do mundo em que seja contada.

Por outro lado, o idioma (seja qual for o que falemos ou escrevamos) é tudo o que temos. Com ele, falado ou escrito, devemos convencer o mundo de que o conhecimento por nós obtido com tanto esforço e engenhosidade é, de fato, confiável – talvez até superior ao conhecimento de nossos sempre tão cavalheiros companheiros de trabalho na área. A observação do processo de contar a história da descoberta ou da criação química revelará algumas tensões importantes que subjazem à ciência molecular.

---

* Os Capítulos 11, 12 e 13 são adaptações de HOFFMANN, R. "Under the Surface of the Chemical Article", em Angewandte Chemie 100, 1988:1653-63, e *Angewandte Chemie* (*International Edition in English*) 27, 1988:1593-602.

Abramos um número de uma revista de química moderna, digamos o importante periódico alemão *Angewandte Chemie* ou o *Journal of the American Chemical Society*. O que vemos? Riquezas e mais riquezas: relatórios de novas descobertas – moléculas maravilhosas, que ainda ontem não podiam ser feitas nem sequer pensadas, são hoje feitas e podem ser reproduzidas com facilidade. O químico lê coisas a respeito das incríveis propriedades dos novos supercondutores de alta temperatura, ferromagnetos orgânicos e solventes supercríticos. Novas técnicas de medição, que logo ganham suas próprias siglas (p. ex., Exafs, Inept, Coconoesy) permitem decifrarmos mais rapidamente a estrutura do que fazemos. A informação simplesmente *flui*. Não importa se em alemão ou em inglês. É química – comunicada, entusiasmada, viva.

11.1 O autor (um pouquinho mais jovem) lendo revistas de química na Biblioteca de Ciências Físicas da Universidade Cornell.

Adotemos, porém, outra perspectiva. Agora quem lê as páginas dessas mesmas revistas é um observador humanista, perspicaz e inteligente, acostumado a lidar com Shakespeare, Puchkin, Joyce e Paul Celan. Tenho em mente uma pessoa interessada no que está sendo escrito, e também em como e por que é escrito. Meu observador nota na revista artigos curtos, de uma a dez páginas apenas. Nota uma grande quantidade de referências, enfeites familiares aos acadêmicos literários, mas talvez em maior densidade (número de referências por linha de texto) do que nos textos acadêmicos da área de humanidades. Vê uma grande proporção da página impressa dedicada aos desenhos. Não raro estes parecem ser representações de moléculas, embora sejam curiosamente icônicas, sem as designações completas dos átomos. As representações dos químicos não são projeções isométricas, nem autênticos desenhos em perspectiva, embora sejam em parte tridimensionais.

Meu observador curioso lê o texto, talvez sem se concentrar no jargão, talvez nele penetrando com a ajuda de um amigo químico. Observa uma forma ritual: a primeira sentença muitas vezes começa com "A estrutura, a ligação e a espectroscopia de moléculas de tipo X têm sido objeto de intenso interesse"[a-z]. Há um uso generalizado da terceira pessoa e da voz passiva. Ele encontra poucas motivações pessoais expressas abertamente e um punhado de narrativas de desenvolvimentos históricos. Aqui e ali, naquela linguagem neutra, vislumbra declarações de êxito ou prioridade – "um novo metabolito", "a primeira síntese", "uma estratégia geral", "cálculos sem parâmetros". Ao estudar boa quantidade de artigos, encontra uma consternadora semelhança. E isso na terra da novidade! Vê também algum estilo, no entanto, fácil de localizar em alguns artigos – um jeito distinto, articulado, científico/escrito/gráfico de considerar o universo químico.

Agora, não me escondendo atrás do observador, gostaria de considerar a linguagem de minha ciência tal como se expressa no registro escrito fundamental, os artigos de uma revista de química. Defenderei a tese de que há muito mais acontecendo nesse artigo do que se imagina à primeira vista; que o que acontece é uma espécie de luta dialética entre o que o químico imagina que deve ser dito (o paradigma, o normativo) e o que deve dizer para convencer os outros de seu argumento ou realização. Essa luta dá ao artigo aparentemente mais inocente uma boa dose de tensão reprimida. Revelar essa tensão não é (como reivindicarei) de modo algum um sinal de fraqueza ou de irracionalidade, mas, sim, o reconhecimento da profunda humanidade do ato criativo na ciência.

12. E Como Ficou Assim

Havia química antes do aparecimento da revista de química. O novo era descrito em livros, em panfletos ou volantes, em cartas aos secretários das sociedades científicas. Essas sociedades — por exemplo, a Royal Society de Londres, cuja licença é de 1662, ou a Académie des Sciences, fundada em Paris em 1666 — desempenharam papel crucial na disseminação do conhecimento científico. Os periódicos publicados por essas sociedades ajudaram a desenvolver essa combinação particular de cuidadosa medição e matematização que formou a bem-sucedida nova ciência da época.[1]

Os artigos científicos da época são uma curiosa mescla de observações pessoais e discussão, com motivação, método e história muitas vezes oferecidos em primeira mão. As polêmicas são frequentes. Argumentos convincentes para o início de uma codificação do estilo

---

[1] Ver GARFIELD, E. em *Essays of an Information Scientist*. Philadelphia: ISI [Institute of Scientific Information] Press, 1981, p.394-400, e referências.

do artigo científico na França e na Inglaterra no século XVII foram dados por Shapin, Dear e Holmes.[2] Acho que a forma do artigo de química finalmente se solidificou nas décadas de 1830 e 1840, e a Alemanha foi o palco desse enrijecimento. O combate formativo travou-se entre os fundadores da moderna química alemã – gente como Justus von Liebig – e os *Naturphilosophen*. Nesse período particular, este último grupo poderia ser representado pelos seguidores de Goethe, mas seus semelhantes estavam presentes em outros lugares da Europa até mesmo antes, no século XVIII. Os "filósofos da natureza" tinham noções bem constituídas, teorias de abrangência universal sobre como a Natureza devia comportar-se, mas não se dignavam a sujar as mãos para descobrir o que a Natureza realmente faz. Ou tentavam fazer a Natureza se encaixar em seu quadro filosófico ou poético particular, não se importando com o que nossos sentidos e suas extensões (nossos instrumentos) tinham a dizer. O artigo científico do início do século XIX evoluiu para se contrapor à nefasta influência dos Filósofos da Natureza. O relatório ideal de uma investigação científica deveria lidar com fatos (não raro rotulados, explícita ou implicitamente, de verdade). Os fatos tinham de ser críveis de modo independente da identidade da pessoa que os apresentasse. Seguia-se daí que devessem ser apresentados de modo não emocional (portanto, em terceira pessoa) e sem prejulgar a estrutura ou a causalidade (daí o agente indeterminado ou a voz passiva).

Os frutos desse modelo de relatório foram excelentes. A ênfase dada aos fatos experimentais deu primazia ao reproduzível. A concisão da língua alemã parecia idealmente apta ao paradigma em desenvolvimento. Foram treinados quadros de cientistas. O desenvolvimento da indústria de corantes que se seguiu na Inglaterra e na Alemanha é uma manifestação especialmente bem estudada da aplicação industrial da nova e organizada química.

---

[2] Ver SHAPIN, S. "Pump and Circumstance", *Social Studies of Science* 14, 1984:487; DEAR, P "Totius-in-Verba – Rhetoric and Authority in the Early Royal Society", *Isis* 76, 1985:145; e HOLMES, F. L. "Scientific Writing and Scientific Discovery", *Isis* 78, 1987:220-35.

O artigo científico adquiriu nessa época uma forma canônica ou ritual. Na Ilustração 12.1, reproduzo parte de um típico artigo da época.[3] Note-se a presença da maioria das características de um artigo moderno — referências, parte experimental, discussão, diagramas. Só faltam os agradecimentos à Deutsche Forschungsgemeinschaft ou à National Science Foundation.

Com a Ilustração 12.2, um artigo contemporâneo, aproximamo-nos do presente. Essa contribuição específica, um artigo importante

12.1 Um artigo de F. R. Goldman em *Berichte der Deutschen Chemischen Gesellschaft* 21,1888:1176-7.

---

[3] Para uma discussão acerca da evolução da escrita científica, ver COLEMAN, B. "Science Writing: Too Good to Be True?", *New York Times Book Review*, 27 de setembro de 1987, p.1; ver também WALLSGROVE, R. "Selling Science in the Seventeenth Century", *New Scientist*, 24-32 de dezembro de 1987:55.

12.2 Um artigo (a primeira de duas páginas) de W. Oppolzer; R. N. Radinov. Reproduzido com permissão do *J. Am. Chem. Soc.*, 115, 1993:1593. Copyright © 1993 American Chemical Society.

de Wolfgang Oppolzer e Rumen Radinov, relata a síntese de um, e especificamente um, dos dois enantiômeros de muscona, um raro e caro ingrediente usado em perfumaria, que normalmente é obtido do almiscareiro macho. O trabalho é inovador e significativo, mas quero concentrar-me em sua apresentação mais do que em seu conteúdo.

Em que esse artigo difere do publicado há cem anos? A língua dominante, por interessantes razões geopolíticas, passou a ser o inglês. Mas me parece que não há muita mudança na construção ou no tom do artigo químico. Ah, que maravilha, coisas totalmente novas continuam a ser relatadas. Medições que levavam toda uma vida são feitas em milissegundos. Moléculas inimagináveis há um século são de repente feitas com facilidade, revelando-nos sua identidade em um piscar de olhos. E agora tudo é comunicado com melhores gráficos e formatação por computador em uma revista muito mais vistosa (embora provavelmente impressa em papel de pior qualidade). Mas, em sua essência, o artigo químico permanece com a mesma forma. Isso é bom, isso é ruim?

Acho que ambas as coisas. O sistema de artigos de transmissão de conhecimentos em periódicos tem funcionado notavelmente bem por dois séculos ou mais. Mas há perigos reais implícitos nessa forma canônica atual. O artigo relata fatos reais, mas ao mesmo tempo é irreal. Obscurece a humanidade do processo de criação e descoberta em química. Permitam-me tentar analisar o que "realmente" se passa na redação e na leitura de um artigo científico, muito mais do que a simples comunicação de fatos.

13. Sob a Superfície

À primeira vista, o artigo se pretende uma comunicação de fatos, talvez uma discussão, sempre desapaixonada e racional, de teorias ou mecanismos alternativos, e uma escolha mais ou menos convincente entre eles. Ou a demonstração de uma nova técnica de medição, de uma nova teoria. E o artigo funciona admiravelmente bem. Um procedimento experimental detalhado em uma revista química em russo ou inglês pode ser reproduzido (quão facilmente possa ser reproduzido é outra questão) por alguém com um conhecimento rudimentar de um desses dois idiomas trabalhando em Okazaki ou Krasnoyarsk. Essa característica subjacente de reprodutibilidade potencial ou real é para mim a prova definitiva de que a ciência é conhecimento confiável.[1]

Mas, sob vários aspectos, há coisas mais importantes no artigo científico do que o visível à primeira vista. Nele vejo os seguintes temas, muitos dos quais foram descritos e analisados de modo muito

---

[1] A frase é usada segundo ZIMAN, J. *Reliable Knowledge*, Cambridge: Cambridge University Press, 1978. Não há descrição melhor nem mais humanista do que a ciência é e deve ser do que esse livrinho.

mais aprofundado num notável livro de David Locke, *Science as Writing* [Ciência como escrita].[2]

O artigo de química é uma criação literária, portanto artística. Permitam-me desenvolver o que pode ser visto como um exagero radical. Que é arte? Muitas coisas, para muita gente. Um dos aspectos da arte é estético; outro, o fato de engendrar uma resposta emocional. Em outra, tentativa de formular uma definição abrangente dessa atividade humana estimulante para a vida, direi que a arte é a busca da essência de algum aspecto da natureza ou de alguma emoção, por um ser humano. A arte é construída, humana e claramente inatural. A arte é intensa, concentrada, equilibrada.

O que é escrito em uma revista científica não é uma representação verdadeira e fiel (se tal coisa fosse possível) do que realmente se passou. Não é uma caderneta de anotações de laboratório, e é sabido que a caderneta de anotações, por sua vez, é um guia só parcialmente confiável sobre o que aconteceu. É um *texto* elaborado com maior ou menor cuidado (espera-se que maior), feito por um homem ou por uma mulher. A maioria dos obstáculos que estavam no caminho da síntese ou da construção do espectrômetro foi amputada do texto. Os que permanecem servem para o objetivo retórico (não mais fraco só porque foi suprimido) de nos fazer ter uma melhor imagem do autor. Os obstáculos transpostos realçam a história de sucesso.

O artigo de química é uma abstração construída e feita pelo homem de uma atividade química. Quando se tem sorte, cria uma resposta emocional ou estética nos leitores.

Haverá algo de que nos devamos envergonhar em reconhecer que nossas comunicações não são espelhos perfeitos, mas em boa medida textos literários? Não acho. Na verdade, acho que há algo finamente belo nesses textos. Essas "mensagens que abandonam" para parafrasear Derrida,[3] de fato nos deixam, são levadas a leitores aten-

---

[2] LOCKE, D. *Science as Writing*. New Haven: Yale University Press, 1993.
[3] DERRIDA, J. em seu ensaio: "Signature Event Context", em *Margins of Philosophy*, trad. inglesa de A. Bass. Chicago University Press, 1982, p.307-30; publicado originalmente como *Marges de la philosophie*. Paris: Éditions de Minuit, 1972, p.365-93.

tos em todos os países do mundo. Lá elas são lidas, em seu idioma original, e entendidas; dão-lhes prazer *e*, ao mesmo tempo, podem ser transformadas em reações químicas, coisas realmente novas. Seria inacreditável, se não acontecesse milhares de vezes a cada dia.

Uma das sempre citadas características distintivas da ciência, em relação às artes, é o sentido mais aberto da cronologia na ciência. Ele se torna explícito no uso abundante de referências. Mas se trata da história real ou de uma versão petrificada?

Um importante guia de estilo para químicos de minha época admoestava:

> uma abordagem a evitar é a narração da cronologia inteira do trabalho sobre um problema. A história completa de uma pesquisa pode incluir um palpite inicial infeliz, uma pista falsa, uma má interpretação das direções, uma circunstância aleatória; tais pormenores talvez tenham um valor de entretenimento numa conversa sobre a pesquisa, mas não têm lugar num artigo formal. Um artigo deve apresentar, da maneira mais direta possível, o objetivo do trabalho, os resultados e as conclusões; os acontecimentos fortuitos ao longo do caminho são de pouca consequência no registro permanente.[4]

Sou favorável à concisão, à economia no que se afirma. Mas o conselho desse guia, se seguido, leva a autênticos crimes contra a humanidade do cientista. Para apresentar um relato edulcorado e paradigmático de um estudo químico, suprimem-se muitas das ações realmente criativas. Entre elas, a mente e as mãos humanas que respondem ao "acontecimento fortuito", à "circunstância aleatória" — todos os elementos de boa fortuna, de criação intuitiva em operação.[5]

Visto de outro ângulo, a receita de bom estilo científico demonstra muito claramente que o artigo de química *não* é uma representação verdadeira do que se passou ou foi aprendido, mas um texto construído.

---

[4] FIESER, L. E.; FIESER, M. *Style Guide for Chemists*. Nova York: Reinhold, 1960.
[5] MEDAWAR, P. B. "Is the Scientific Paper Fraudulent?", *Staurday Review*, 1º de agosto de 1964, p.42-3, também alega que o formato padrão do artigo científico distorce o processo de pensamento que acontece na descoberta.

14. A Semiótica da Química

Os cientistas julgam que o que dizem não é influenciado pelo idioma nacional (alemão, francês, chinês etc.) que usam e pelas palavras dessa língua. As palavras utilizadas, pensam eles, são apenas representações de uma realidade material subjacente que eles, os cientistas, descobriram ou matematizaram. Se as palavras forem bem escolhidas e definidas com precisão, serão representações fiéis dessa realidade, perfeitamente traduzível em qualquer idioma.

Essa posição *é* defensável: assim que a síntese do novo supercondutor de alta temperatura $YBa_2Cu_3O_{-7}$ foi descrito, ele *foi* reproduzido em centenas de laboratórios no mundo inteiro.

Mas a situação real é mais complexa. As palavras de que dispomos, em qualquer idioma, são mal definidas, ambíguas. O dicionário é um dispositivo profundamente circular — experimente e veja quão rapidamente a cadeia de definições se fecha sobre si mesma. O raciocínio e a argumentação, tão essenciais para a comunicação na ciência, operam com palavras. Quanto mais controversa a argumentação, mais simples e carregadas serão as palavras.

Como o químico supera isso? Talvez compreendendo o que alguns de nossos colegas da linguística e da crítica literária aprenderam no século passado.[1] A palavra é um signo, uma peça de um código. Ela significa algo, sem dúvida, mas o que ela significa deve ser decodificado ou interpretado pelo leitor. Se dois leitores tiverem mecanismos decodificadores diferentes, terão leituras diferentes, significados diferentes. A razão pela qual a química funciona no mundo inteiro, de modo que a Basf pode construir uma fábrica na Alemanha ou no Brasil e esperar que ela funcione, é que os químicos aprenderam em sua formação o mesmo conjunto de signos.

Acho que isso explica em parte o que C. F. von Weizsäcker observou em um perspicaz artigo sobre "A Linguagem da Física":[2] se examinarmos em pormenor uma conferência de pesquisa física (leia química), descobriremos que está repleta de afirmações imprecisas, sentenças incompletas, interrupções, e assim por diante. O seminário é com frequência dado extemporaneamente, sem notas, ao passo que os humanistas na maioria das vezes leem um texto *verbatim*. A linguagem das conferências de física ou química muitas vezes é imprecisa. Mesmo assim, os químicos entendem essas apresentações (pelo menos alguns deles). A razão é que o ministrante invoca um código, um conjunto compartilhado de conhecimentos comuns. Ele ou ela não tem de completar uma sentença – quase todos sabem o que quis dizer já na metade da sentença.

O elo entre língua e química sempre existiu. Assim, Lavoisier inicia seu revolucionário *Traité élémentaire de chimie* com uma citação do Abbé de Condillac: "Pensamos apenas por intermédio das palavras. – As línguas são verdadeiros métodos analíticos".[3] Lavoisier, então, reflete sobre seu próprio trabalho:

---

[1] Para uma introdução às teorias literárias modernas, ver EAGLETON, T. *Literary Theory*. Minneapolis: University of Minnesota Press, 1983.
[2] VON WEIZSÄCKER, C. F. *Die Einheit der Natur*: Munique: DTV, 1974, p.61.
[3] LAVOISIER, A.-L. *Elements of Chemistry*, trad. inglesa de Robert Kerr. Nova York: Dover, 1965, p.XIII.

Assim, enquanto julgava dedicar-me apenas a compor uma Nomenclatura... meu trabalho aos poucos se transformou, sem que pudesse impedi-lo, num tratado sobre os Elementos da Química.[4]

O famoso escritor europeu Elias Canetti, autor de um notável estudo sobre o comportamento de massa (*Crowds and Power*, 1963) e de um impressionante romance sobre os anos 1930 (*Auto-da-fé*, 1935), tinha um doutorado em química. Ele credita à química o ter-lhe ensinado a importância da estrutura. E Benjamin Lee Whorf, o grande linguista norte-americano, que defendeu a tese de que a linguagem dá forma à cultura, era um engenheiro químico treinado no MIT. Whorf não era avesso a uma "ocasional comparação química". Em um ensaio sobre as línguas e a lógica, escreve ele:

> a maneira pela qual os constituintes são articulados nessas sentenças de Shawnee e Nootka sugere um composto químico, ao passo que sua combinação em inglês mais parece uma mistura mecânica.[5]

Pierre Lazlo escreveu um livro rico e original que explica a ligação entre a linguagem e a química.[6] Ele estabelece uma intrigante analogia entre as moléculas e suas transformações, por um lado, e, por outro, as estruturas linguísticas, como os morfemas, fonemas, ideogramas e pictogramas, transformações de modo, descrição etc. O livro de Lazlo vai além de uma discussão dos usos da linguagem na química; ele defende de maneira plausível a existência de uma estrutura paralela para a química e a linguística.

A semiótica da química fica mais clara nas estruturas das moléculas que enfeitam quase todas as páginas de uma revista de química e identificam, ao primeiro olhar, um artigo como referente à química.[7]

---

[4] LAVOISIER, A.-L. *Elements of Chemistry*, p.XIV.
[5] WHORF, B. L. "Languages and Logic", em CARROLL, J. B. (Org.) *Language, Thought, and Reality*. Cambridge: MIT Press, 1956, p.236.
[6] LASZLO, P. *La parole des choses*. Paris: Hermann, 1993.
[7] Ver também TURRO, "N. J. Geometric and Topological Thinking in Organic Chemistry", *Angewendte Chemie* 98 (1986):872, e *Angewendte Chemie (Interna-*

A semiótica da química 97

14.1 Retrato de M. e Mme. Lavoisier, de Jacques Louis David. © 1986. The Metropolitan Museum of Art, Aquisição, doação do sr. e sra. Charles Wrightsman, em homenagem a Everett Fahy, 1977. (1977.10), reproduzido com permissão.

O dado, por mais de um século, é que a estrutura da molécula é relevante — não só os átomos que a constituem, mas como esses átomos se ligam, como se arranjam no espaço tridimensional e com que

tional Edition in English) 25, 1986:882 para uma descrição do processamento de informação geométrica e topológica que ocorre na química orgânica.

facilidade se movem de suas posições preferenciais de equilíbrio – e determina todas as propriedades físicas, químicas e, em última instância, biológicas da molécula.

Para o químico, é crucial comunicar uns aos outros a informação estrutural tridimensional. O suporte para essa comunicação é bidimensional – uma folha de papel, uma tela. Assim deparamos de imediato com o problema da representação.

15. Como é Essa Molécula?

A informação estrutural de que os químicos precisam para se comunicar é, em grau considerável, inerentemente gráfica – em essência, é uma forma a ser desenhada. E aqui chegamos ao nó da questão. O grupo de profissionais para quem essa informação visual, tridimensional é essencial não tem necessariamente talento (um pouco mais, um pouco menos do que o indivíduo médio) para transmitir essa informação. Os químicos não são selecionados – e eles mesmos não se selecionam – para sua profissão com base em seus talentos artísticos. Tampouco são treinados em técnicas básicas de artes. Minha capacidade de desenhar um rosto de modo que se pareça com um rosto atrofiou-se aos dez anos de idade.

Como, então, eles fazem isso, como fazemos isso? Com facilidade, quase sem pensar, mas com muito mais ambiguidade do que nós, químicos, julgamos haver. O processo é *representação*, uma transformação simbólica da realidade. É ao mesmo tempo figurativo e linguístico. Tem sua historicidade. É artístico e científico. O processo representacional na química é um código compartilhado dessa subcultura.

Já vimos um moderno artigo científico (Ilustração 12.2). Consideremos também um desenho informal, o tipo de informação que circula entre químicos quando conversamos, o que é deixado em um restaurante, em um guardanapo ou na toalha de mesa, após o jantar. A Ilustração 15.1 é um desenho assim, feito por R. B. Woodward, um grande químico orgânico.

15.1 Um desenho de R. B. Woodward, por volta de 1966.

A considerável quantidade de conteúdo gráfico salta aos olhos. *Há* figurinhas aqui – muitas delas – mas o observador inteligente que não for químico provavelmente se verá em uma sinuca. De fato, achamo-nos em uma situação análoga à de Roland Barthes em sua primeira visita ao Japão, belamente descrita em seu *The Empire of Signs*.[1] Que significam esses símbolos? Sabemos que as moléculas são

---

[1] BARTHES, R. *The Empire of Signs*, trad. inglesa de Richard Howard. Nova York: Hill and Wang, 1982; de *L'empire des signes*. Genebra: Skira, 1980.

compostas de átomos, mas o que fazer de um polígono como o da Ilustração 15.2, aqui representando um composto medicinal branco e ceroso, de aroma penetrante (cânfora)? Só um símbolo atômico familiar, O de oxigênio, aparece.

15.2 Uma estrutura química típica para a cânfora.

Trata-se de uma abreviação. Como nos cansamos de dizer "United Nations Educational, Scientific, and Cultural Organization" e escrevemos Unesco, assim também os químicos se cansam de escrever todos esses carbonos e hidrogênios, elementos onipresentes como são, e desenham o esqueleto de carbono. Cada vértice que não esteja especificamente rotulado de outra maneira na representação estrutural da cânfora é carbono. Uma vez que a valência do carbono (o número de ligações que estabelece) normalmente é quatro, os químicos conhecedores do código (e você) saberão quantos hidrogênios devem ser postos para cada carbono. O polígono desenhado na Ilustração 15.2 é, na verdade, uma abreviação gráfica para a Ilustração 15.3.

Mas a Ilustração 15.3 é a verdadeira estrutura da molécula de cânfora? Sim e não. Em certo nível, sim. Em outro, o químico quer ver a figura tridimensional e para tanto desenha a Ilustração 15.4.

15.3 Cânfora, com todos os átomos especificados.

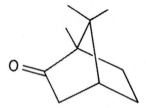

15.4 Cânfora, uma representação tridimensional.

Em outro nível ainda, ele ou ela quer ver as distâncias interatômicas "reais" (ou seja, a molécula desenhada em suas proporções corretas). Tais detalhes cruciais estão disponíveis, a um certo preço e com certo trabalho, pela técnica que já mencionei, chamada cristalografia de raios X. E assim temos a Ilustração 15.5, provavelmente a ser produzida por um computador.[2]

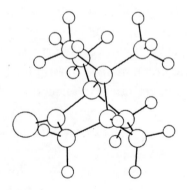

15.5 Um modelo de tipo bola-e-vareta da cânfora.

Esta é uma visualização de um modelo conhecido como bola-e--vareta, talvez a representação mais familiar de uma molécula neste século. O tamanho das bolas que representam o carbono, o hidrogê-

---

[2] Mas não realmente. O que temos de fato, é claro, é um ser humano que guia uma ferramenta, que por sua vez foi programada por outros seres humanos para não falar que foi construída por outros seres humanos ainda e suas ferramentas. Agradeço a Dennis Underwood e a Don Boyd sua ajuda com as Ilustrações 38 a 41.

nio e o oxigênio é um tanto arbitrário. Uma representação mais "realista" do volume que os átomos realmente ocupam é dada pelo modelo de preenchimento de espaço da Ilustração 15.6. Observe-se que aqui as posições dos átomos (seus núcleos, melhor dizendo) ficam obscurecidas. Nem a Ilustração 15.5 nem a 15.6 são portáteis — isto é, não podem ser esboçadas por um químico nos 20 segundos que um slide normalmente permanece na tela na apresentação rápida de coisas novas e intrigantes por um conferencista visitante.

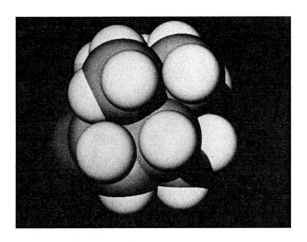

15.6 Um modelo de preenchimento de espaço da cânfora.

A escada ascendente (descendente?) de complexidade da representação não para aqui. Chega então o químico-físico para lembrar a seus colegas orgânicos que os átomos não estão presos no espaço, mas na realidade estão em movimento quase harmônico ao redor desses sítios. A molécula vibra; não tem uma estrutura estática. Chega outro químico e diz: "Você acaba de desenhar as posições dos núcleos. Mas a química está nos elétrons. Você deveria desenhar a probabilidade de encontrá-las em certo lugar do espaço em determinado momento a distribuição eletrônica". É o que se tenta fazer na Ilustração 15.7.

Eu poderia prosseguir (a literatura química com certeza o faz). Mas paremos e nos perguntemos: qual dessas representações (vimos sete delas!) está certa? Qual *é* a molécula? Bem, todas elas, ou nenhu-

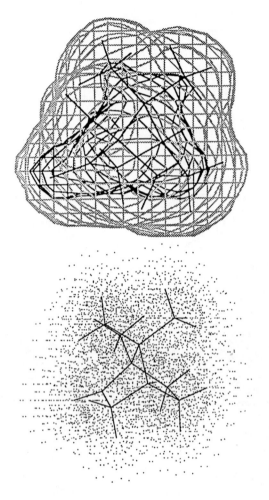

15.7 Duas vistas da distribuição dos elétrons na molécula de cânfora.

ma. Ou, falando seriamente – todas elas são *modelos*, representações adequadas para alguns fins, mas não para outros.[3] Algumas vezes, basta o nome *cânfora*. Outras vezes, basta a fórmula $C_{10}H_{16}O$. Muitas

---

[3] Para discussões metodológicas sobre como os modelos são usados na química, ver SUCKLING, C. J; SUCKLING, K. E.; SUCKLING, C. W. *Chemistry Through Models*. Cambridge: Cambridge University Press, 1978; TRINDLE, C. "The Hierarchy of Models in Chemistry", *Croatica Chemica Acta* 57

vezes o que se deseja é a estrutura, e algo parecido com as Ilustrações 15.2, 15.3 ou 15.4 resolve o problema. Outras vezes ainda se precisa das Ilustrações 15.5 ou 15.6 ou até ambas as vistas da Ilustração 15.7.[4]

Preciso contar uma última história sobre a cânfora. Esta discussão vem de um artigo que Pierre Lazlo e eu escrevemos. Escolhemos a cânfora por ser uma molécula conhecida das pessoas, mas também porque tem em si complexidades mínimas de representação. Um de nós (R. H.), tendo-se esquecido de sua estrutura, foi consultar um manual e, em seguida, especificou a alguns amigos a geometria necessária para se produzirem os belos desenhos da cânfora que aqui vemos. Cada um deles era a imagem especular do que você vê, que é o material que ocorre naturalmente!

O fato de termos errado a "configuração absoluta" foi-nos denunciado por um leitor atento, Ryoji Noyori, o conferencista Baker de 1990, em Cornell. Uma busca na literatura então revelou que a configuração errônea era exibida por muitos, senão a maioria, dos manuais, inclusive o Índice Merck (uma referência química comum) e inúmeros artigos da literatura. A estrutura é apresentada corretamente nos catálogos químicos das empresas Sigma, Aldrich e Fluka. Os fornecedores de artigos estão sob maior pressão do que os usuários para que seus produtos sejam identificados corretamente!

1984):1231; J. Tomasi, "Models and Modeling in Theoretical Chemistry", *Journal of Molecular Structure (Theochem)* 48, 1988:273-92. E a respeito do leque de significados de "modelo", ver o divertido comentário de GOODMAN, N. em *Languages of Art*, 2.ed. Indianapolis: Hackett, 1976, p.171.

[4] O fato de haver muitas maneiras de se considerar a estrutura de uma molécula é, evidentemente, bem conhecido da comunidade química; não estou dizendo nada de novo aqui. Ver, por exemplo, OURISSON, G. *L'Actualité Chimique*, jan.-fev. de 1986:41, e o notável e inovador livro de GODDSELL, D. S. *The Machinery of Life*. Nova York: Springer, 1993.

16. Representação e Realidade

O realismo ingênuo afirma que as fórmulas químicas se assemelham à realidade: é verdade. É possível obter fotos por meios físicos de anéis de benzeno, um dos mais comuns blocos de construção das moléculas orgânicas. Às vezes, eles se parecem com os anéis de benzeno do químico (Ilustração 16.1). Às vezes não se parecem.

O cientista que acha que agora, com a microscopia de varredura por tunelamento (STM), uma maravilhosa nova ferramenta, enfim se podem ver os átomos nas moléculas, leva um choque ao ver no

16.1 A estrutura de um anel de benzeno.

microscópio de varredura por tunelamento a imagem da grafite.[1] A grafite é composta por redes bidimensionais hexagonais de tipo "cerca de arame", feitas de anéis de benzeno. Deveríamos ver seis carbonos. Mas metade da grade hexagonal de átomos é realçada na imagem de STM, e metade não – e por boas razões.[2] Ver e crer têm uma relação complexa entre si. Os anéis de benzeno do químico são aproximações grosseiras. Estão para o objeto molecular representado mais ou menos como uma metáfora.

Fixemo-nos no nível *típico* de apresentação (da Ilustração 15.2 ou 15.4), a de um polígono ou uma idealização tridimensional dele. Que *são* esses curiosos desenhos que enchem as páginas dos artigos científicos? Faço agora a pergunta do ponto de vista de um artista ou de um desenhista. Não são projeções isométricas, com certeza não são fotografias. Obviamente são, no entanto, tentativas de representar em duas dimensões um objeto tridimensional, com o objetivo de comunicar sua essência a um leitor distante.

É fascinante ver as estruturas químicas nas páginas de cada revista e perceber que partindo de uma informação tão mínima como essa as pessoas podem realmente *ver* moléculas com os olhos da mente. As pistas para a tridimensionalidade são mínimas. As moléculas flutuam (Ilustração 16.2, esquerda; a molécula representada é o norbornano, C_7H_{12}, o coração da cânfora), e normalmente somos desmotivados a colocá-las em um conjunto de planos de referência para ajudar na visualização delas (centro).

---

[1] MIZES, H.; PARK, S.; HARRISON, W A. "Multiple-Tip Interpretation of Anomalous Scanning-Tunneling-Microscopy Images of Layered Materials", *Physical Review B* 36, 1977:4491; BINNIG, G.; FUCHS, H.; GERBER, Ch.; ROHRER, H.; STOLL, E.; TOSATTI, E. "Energy-Dependent State-Density Corrugation of a Graphite Surface as Seen by Scanning Tunneling Microscopy", *Europhysics Letters* 1, 1986:32. Ver também a discussão geral acerca do que vemos e não vemos com STM, em HOFFMAN ,R. "Now for the First Time, You Can See Atoms", *American Scientist* 81, 1993:11-2.

[2] O assunto na verdade não é bem compreendido, mas Andrei Tchougreeff e eu, e Myung-Hwan Whangbo, SD.N. Magonov et al. temos teorias a esse respeito. *Ergo*, o fato de eu dizer que há boas razões...

16.2 Três vistas do norbornano, C_7H_{12}.

Alguns químicos confiam tanto no código que não desenham o norbornano como no lado esquerdo da Ilustração 16.2, mas como no lado direito. Qual a diferença? Uma linha "cruzada" em vez de uma linha "quebrada". Que pista trivial para a reconstrução tridimensional, colocar parte da molécula atrás de outra! Não se trata de uma invenção moderna, algo que se deva aprender na École des Beaux-Arts. A Ilustração 16.3 mostra uma das pinturas de Lascaux.[3] Obser-

16.3 Pintura rupestre de dois bisões, Lascaux © Artists Rights Society (ARS), CNMHS/ SPADEM.

---

[3] Esta fotografia é reproduzida com permissões de VOUVÉ, J.; BRUNET, J.; VIDAL, P.; MARSAL, J. *Lascaux en Périgord Noir*: Périgueux: Pierre Fanlac, 1982, p.31.

ve-se o tratamento das pernas dos bisões ali onde entram no corpo. Hoje com certeza os químicos inteligentes devem ser capazes de fazer o que os homens das cavernas faziam há 15 mil anos, não é? Muitas vezes eles não se dão ao trabalho de fazê-lo.

Espalhados pelos desenhos dos químicos (por exemplo, Ilustração 12.2) estão diversas cunhas e linhas pontilhadas. Como notamos no Capítulo 9, são peças de um código visual de concepção simples: a linha sólida é o plano do papel; a cunha estende-se para a frente; a linha tracejada, para trás. Assim, no Capítulo 9, a Ilustração 9.1 mostrava uma vista, bastante reconhecível para os químicos, da molécula de metano tetraédrico, CH_4. O tetraedro é a mais importante figura geométrica da química.

Descrever essa notação talvez baste para fazer essas estruturas erguerem-se da página para algumas pessoas, mas as redes neurais que controlam a representação são efetivamente gravadas para toda a vida quando se manuseia (com mãos humanas, não em um computador) um modelo de tipo bola-e-vareta da molécula enquanto se observa a sua figura.

Uma olhadela às moléculas mais complicadas da Ilustração 12.2 mostra que a convenção cunha-linha tracejada não é aplicada de modo coerente. A maioria dos compostos tem mais de um único plano de interesse; o que está por trás de um plano pode estar à frente de outro. Assim a convenção é quase imediatamente usada de maneira não sistemática, escolhendo o autor ou o conferencista realçar o plano que julgue importante. O resultado é uma perspectiva cubista, uma espécie de fotocolagem de Hockney, onde a mesma coisa é mostrada de várias perspectivas diferentes.[4] A molécula é, sem dúvida, vista, mas talvez não da maneira pela qual o químico pensa (em um momento dogmático) que ela é vista. É representada como ele escolhe vê-la, sobrepondo alegremente um ilogismo humano a uma lógica igualmente humana.

As diretrizes das revistas, suas limitações econômicas e a tecnologia disponível restringem não só o que é impresso, mas também como

---

[4] Para uma introdução à perspectiva neocubista de Hockney, ver HOCKNEY, D. *Cameraworks*. Nova York: Knopf, 1984.

pensamos acerca das moléculas. Tomemos o norbornano (Ilustração 16.4, à direita). Até por volta de 1950, nenhuma revista do mundo estava preparada para reproduzir essa estrutura tal como é mostrada na Ilustração 16.4 (direita). Em vez disso, era vista nas revistas como a Ilustração 16.4 (esquerda). Ora, todos sabiam desde 1874 que o carbono é tetraédrico, ou seja, que as quatro ligações com ele são formadas nas quatro direções que partem do centro de um tetraedro para seus vértices. Estavam disponíveis modelos moleculares ou podiam ser construídos com relativa facilidade. Suspeito, porém, que o ícone do norbornano que um químico normal tinha em sua mente por volta de 1925 era o da esquerda da Ilustração 16.4, não o da direita. Ele era condicionado pelo que via nas revistas ou nos manuais – uma imagem e, neste caso, uma imagem plana. Ele podia ser – e acho que muitas vezes o foi – levado a agir (ao sintetizar um derivado dessa molécula, por exemplo) por essa imagem bidimensional irrealista.

16.4 Norbornano.

Isso talvez não seja muito diferente da maneira pela qual enfrentamos as aventuras amorosas em nossa vida, equipados com um conjunto totalmente confiável de imagens tiradas de romances e filmes.

17. Lutas

Forças entrechocam-se, necessariamente, sob a superfície do artigo de química. Isso é inevitável, pois a ciência depende da argumentação. A palavra *argumentação* — em inglês, *argument* — tem vários sentidos; pode ser entendida como um simples processo de raciocínio, uma declaração de fato; ou a palavra também pode querer dizer desacordo, confronto de opostos. Eu diria que ambos os sentidos são essenciais para a ciência: raciocínio lógico desapaixonado e convicção apaixonada de que um (modelo, teoria, medição) está certo e o outro, errado. Sinto que a criatividade científica se enraíza na tensão íntima, em uma mesma pessoa, de saber que ele ou ela está certo e saber que essa convicção tem de ser provada aos outros de modo satisfatório — em um artigo de revista.

Um bom e equilibrado artigo científico pode ocultar fortes correntes subjacentes, manobras retóricas e reivindicações de poder. O desejo de convencer clamando "Eu estou certo, todos vocês estão errados" choca-se com as regras estabelecidas de civilidade que devem governar o comportamento acadêmico. Onde esse equilíbrio é ferido é algo que depende do indivíduo.

17.1 Charge de Constance Heller.[1]

Trava-se outro diálogo silencioso entre experiência e teoria. Não há nada de especial com a relação de amor-ódio entre experimentais e teóricos na química. Podemos substituir esses termos por "escritor" e "crítico" e falarmos de literatura, ou encontrar características análogas na economia. É fácil fazer uma caricatura das linhas gerais da relação: os experimentais acham que os teóricos são pouco realistas e constroem castelos no ar; mas precisam das estruturas de entendimento que os teóricos fornecem. Os teóricos podem desconfiar das experiências e desejariam que fizessem as medições cruciais de que precisam. Mas o que seria dos teóricos sem nenhum contato com a realidade?

Uma divertida manifestação dos sentimentos acerca da valsa teoria-experiência pode ser encontrada nas às vezes extensas seções de discussão quase teórica das revistas experimentais. Essas seções apresentam em parte uma autêntica busca do entendimento, mas em parte

---

[1] Os cartuns de C. Heller são reproduzidos com permissão de HOFFMANN, R. "Under the Surface of the Chemical Article", *Angewandte Chemie* 100, 1988:1653-63; *Angewandte Chemie (Int. Ed. Eng.)* 27, 1988:1593-602.

17.2 Charge de Constance Heller.

o que nelas se passa é uma tentativa de usar o ideal reducionista aceito (com sua exagerada aclamação do mais matemático) para – não se leve isto demasiado a mal – impressionar os colegas. Por outro lado, muitas vezes ponho mais referências a trabalhos experimentais em meus artigos teóricos do que deveria, porque estou tentando "obter credibilidade" entre meu público experimental. Se mostrar aos químicos experimentais que conheço o trabalho deles, talvez eles deem ouvidos às minhas selvagens especulações.

Outra luta semelhante trava-se entre as químicas pura e aplicada. É interessante pensar que essa separação talvez também tenha raiz na Alemanha de meados do século XIX; acho que em outra potência química da época, a Grã-Bretanha. A distinção era menos rígida. Uma tentativa de aproximação depois de uma justificativa em termos de uso industrial é bem típica em um artigo de química pura. Mas ao mesmo tempo há um recuo, uma falta de disposição para lidar com o frequentemente turbulento e tremendamente complicado mundo da catálise industrial, por exemplo. E nos ambientes industriais há uma procura de credenciais acadêmicas.

Talvez a maior luta silenciosa na química, uma ciência intimamente ligada à economia, se trave entre revelar e ocultar. Esta não é uma luta visível enquanto tal na literatura química, pois uma vez tomada a decisão de publicar, é melhor que o que se publique esteja certo. Quanto mais interessante o resultado, mais provável é que os seus competidores vão verificá-lo. E pode ter certeza de que publicarão seus erros com muito prazer.

Não, a decisão crucial, se você dispõe de algo com valor comercial, é retardar a publicação para "estabelecer a sua posição quanto à patente" ou talvez não publicar pura e simplesmente. Lembremo-nos da notável história da descoberta das sulfas feita por Gerhard Domagk, contada no Capítulo 10. Domagk estava trabalhando para um conglomerado alemão, a IG Farbenindustrie. Seu extraordinário artigo de 1935 sobre a primeira dessas drogas, Prontosil, relata experiências feitas três anos antes. Domagk publicou-o um mês depois que a patente foi concedida, não antes.[2]

---

[2] Para um relato do cenário industrial da descoberta de Domagk, ver LESCH, J. E. "Chemistry and Biomedicine in an Industrial Setting: The Invention of the Sulfa Drugs" em MAUSKOPF, S. H. (Org.). *Chemical Sciences in the Modern World*, p.158-215. Philadelphia: University of Pennsylvania Press, 1993.

Poucos meses depois da publicação do artigo de Domagk, um grupo francês descobriu que a sulfanilamida, mais simples, era tão ativa quanto a molécula de Prontosil, mais complicada. Mas a própria sulfanilamida não estava protegida por uma patente, pois sua síntese e algumas propriedades antibacterianas haviam sido publicadas antes. Especulou-se, até, que a IG Farbenindustrie soubesse disso, mas houvesse postergado a publicação até que uma alternativa patenteável, Prontosil, pudesse ser feita: James Le Fann ("What Stopped the Magic Bullet?" *New Scientist*, 18 de julho de 1985). Para sermos justos, ainda não vi nenhuma prova em favor dessa teoria.

18. O Id se Revelará[1]

Emprego a palavra *id* aqui no sentido psicanalítico, que se refere ao complexo de desejos e terrores instintivos que habitam o inconsciente coletivo. Por um lado, esses impulsos irracionais — entre os quais o mais preeminente é o de agressão — são o nosso lado oculto. Por outro, propiciam a força motivadora para a atividade criativa.

    A ciência é feita por seres humanos e suas ferramentas. Isso significa que é feita por seres humanos falíveis. As forças motrizes para se adquirir conhecimento são, sem dúvida, a curiosidade e o altruísmo, motivos racionais. Mas a criação está de modo igualmente certo arraigada no irracional, nas escuras e sombrias águas da psique, onde medos, poder, sexo e traumas de infância se banham em todos os seus ocultos e misteriosos movimentos. E nos estimulam. O caráter e as motivações profundas são não só relevantes — seu lado "repugnante" talvez seja a força motriz do ato criativo. Vejam bem, essa não é

---

[1] Este capítulo é uma adaptação de HOFFMANN, R. "Under the Surface of the Chemical Article", *Angewandte Chemie* 100, 1988:1653-63 e *Angewandte Chemie (International Edition in English)* 27, 1988:1593-602.

uma justificação para se ser antiético: ser um bom ser humano é uma aspiração importante para o cientista, como para todos. Mas os cientistas não são melhores do que os outros, só por serem cientistas.

O irracional parece ser eficientemente suprimido na palavra científica escrita. Mas naturalmente os cientistas são humanos, por mais que finjam não ser em seus artigos. Suas forças ilógicas internas se manifestarão. Onde? Se você não lhes permitir aparecerem à luz do dia, na página impressa, elas escaparão ou explodirão à noite, onde as coisas estão ocultas, e ninguém pode ver quão mau você é. Refiro-me, é claro, ao anônimo processo de "arbitragem". Quando submeto um artigo a uma revista de química, o editor envia-o a pelo menos dois examinadores, supostamente especialistas na minha área. No devido tempo (muito, muito mais rápido, aliás, do que nas revistas literárias ou de humanidades, com as quais tenho certa experiência), receberei os comentários anônimos de meus examinadores.

Ao longo desse processo de arbitragem, ocorrem respostas incrivelmente irracionais, formuladas por cientistas muito bons e, sob outros aspectos, racionais. Eis aqui uma seleção de algumas das respostas que recebi:

> *Artigo 1*: "As especulações deste artigo são o tipo de coisa que se espera ouvir em seminários de pesquisa ou em encontros sociais de química ao redor de uma garrafa de cerveja; sem dúvida, muitos deles foram feitos em meu próprio seminário, por brilhantes jovens cientistas. Ninguém mais, porém, teve a presunção ou o atrevimento de achar que merecessem ser publicadas, para não falar de uma comunicação escrita na primeira pessoa. Esse artigo me parece inteiramente inadequado para publicação em qualquer revista científica respeitável, e muito menos no JACS [*Journal of the American Chemical Society*]."
>
> *Artigo 2* (um artigo apresentado a uma revista de química mas examinado por um físico): "Este artigo não poderia ser aceito para publicação na *Physical Review*. Os autores deveriam calcular a energia de ligação dessa estrutura e compará-la com a grafite, não apenas propô-la como uma estrutura possível. O método de Hückel ampliado contém erros da ordem de 3eV; é absolutamente inútil, salvo para artigos publicados em revistas de química. Vocês, químicos, deveriam elevar seus padrões."

Artigo 3: "Não sou e nunca fui admirador dos esforços de Hoffmann na área inorgânica/organometálica. Para um jogador de bridge, os que sapeiam o jogo ao redor da mesa, por mais inteligentes que sejam, são de pouco interesse. Hoffmann é muito inteligente — mas não inteligente o bastante para fazer algo positivo. Sapear, por melhor que seja, logo cansa.

Também fico pensando por que ele tem um ego tão grande que supõe que *tudo* o que faz pode ser publicado no *JACS*. Este artigo, para tratarmos do caso presente, *não* tem lugar nessa revista. É só o enésimo de uma longa e familiar linhagem."

Depois de trezentos artigos publicados, posso suportar isso muito bem. Mas no começo eles eram devastadores. Naturalmente, os comentários de meu próprio examinador são totalmente racionais e corteses (sorriso).

Na realidade, a maior parte dos comentários que recebo sobre meus artigos não é tão carente de substância como os anteriores. Quando me tiram do sério, tento pensar no contraste com os comentários do examinador que acompanharam a rejeição de meus lapsos poéticos. Normalmente tais comentários *não* existem, absolutamente. Só uma recusa.

Na verdade, acho que o que salva o artigo de química da completa obtusidade é o fato de sua linguagem vir sob pressão. Tentamos comunicar em palavras algo que talvez não possa ser expresso em palavras, mas exija outros signos — estruturas, equações, gráficos. E tentamos com afinco eliminar as emoções do que dizemos — o que é impossível. Assim, as palavras que ocasionalmente usamos ficam sobrecarregadas com a tensão de tudo o que *não* está sendo dito.

Muitas coisas, portanto, acontecem em um artigo científico, sobre e sob a superfície. Agora me permitam sair da maneira em que as coisas são ditas (e as tensões subjacentes reveladas na estrutura escrita e representada na química) e voltar à química relatada. É novidade, mas é descoberta?

Terceira Parte

Fazer moléculas

19. Criação e Descoberta[1]

Ao descreverem o que fazem, os cientistas muitas vezes usam a metáfora da descoberta, e os artistas, a da criação. O clichê "desvelar os segredos da natureza" grudou-se, como um bom cimento, em nossas mentes. Mas acho que a metáfora da descoberta é eficiente apenas na descrição de uma parte da atividade dos cientistas, e uma parte ainda menor do trabalho dos químicos. Existem razões históricas, psicológicas e sociológicas para a pronta aceitação da metáfora, e elas precisam ser trazidas à luz.

História e psicologia: O surgimento da ciência moderna na Europa coincidiu com a era das explorações geográficas. O homem pôs os pés em praias distantes, explorou *terra incógnita*. Até mesmo em nosso século, o homem cujo nome recebi foi o primeiro a navegar pela Passagem do Noroeste e alcançar o Polo Sul.* Viagens de descoberta, mapas preenchidos, estas são imagens poderosas, sem dúvida.

---

[1] Este capítulo foi adaptado de um artigo publicado pela primeira vez em *American Scientist* 78, 1990:14-5.
* Referência ao explorador norueguês Roald Amundsen.

Assim é o primeiro olhar para dentro de um túmulo real, repleto de cintilantes vasos de ouro. Não é de surpreender que essas metáforas foram e são aceitas pelos cientistas como descritores adequados de sua atividade, geralmente ligada ao laboratório. Haverá algum compartilhamento vicário de aventuras imaginadas em funcionamento aqui?

Eis aqui uma expressão típica da atitude da época, por um grande químico que também escrevia poesia, Humphry Davy:

> Ó magnificentíssima e nobre Natureza!
> Não te cultuei com amor tal
> Que nunca antes homem mortal mostrou?
> Não te adorei na majestade da criação visível,
> E não pesquisei em teus caminhos ocultos e misteriosos
> Como Poeta, como Filósofo, como Sábio?*[2]

As metáforas masculinas de espiar, desvelar, penetrar são uma característica da ciência do século XIX. Elas se encaixam na ideia de descoberta.

Sociologia e Educação — Esses filósofos da ciência que começaram como cientistas profissionais vieram em geral, creio eu, da física e da matemática. (Há uma exceção: Michael Polanyi, um filósofo importante, era um químico-físico perspicaz.) A educação dos filósofos profissionais provavelmente favorece as mesmas áreas; a lógica tem papel especial na filosofia, o que é muito compreensível. Não é de admirar que a ideologia de raciocínio predominante nas áreas de especialidade subjacentes dos filósofos da ciência tenha sido por eles estendida, de modo irrealista, creio eu, a toda a ciência.

---

* Literalmente: Ó magnificentíssima e nobre Natureza! / Não te cultuei com amor tal / Que nunca antes homem mortal mostrou? / Não te adorei na majestade da criação visível, / E não pesquisei em teus caminhos ocultos e misteriosos / Como Poeta, como Filósofo, como Sábio? (N.T).
[2] DAVY, J. *Fragmentary Remains, Literary and Scientific, of Sir Humphrey Davy*. London: Churchill, 1858, p.14, como citado por David Knight em sua maravilhosa biografia de Davy, *Humphrey Davy: Science and Power*: Londres: Blackwell, 1993. Ver também a sensível resenha desse livro feita por SACKS, O. na *New York Review of Books*, 4 de novembro de 1993, p.50.

Filosofia: A tradição racionalista francesa e a sistematização da astronomia e da física antes das outras ciências deixaram no seio da ciência uma filosofia reducionista. Já combati isso no Capítulo 4. A lógica da filosofia reducionista encaixa-se na metáfora da descoberta — cava-se mais fundo e se descobre a verdade.

Mas o reducionismo é apenas uma das faces do entendimento. Fomos feitos não só para desmontar, desconectar e analisar, mas também para construir. Não há teste mais rigoroso para o entendimento passivo do que a criação ativa. Talvez "teste" não seja aqui a palavra correta, pois a construção ou a criação diferem inerentemente da análise reducionista. Quero reivindicar maior papel na ciência para o modo construtivo, que avança.[3] Richard Feynman uma vez escreveu em seu quadro-negro: "O que não posso criar eu não entendo".[4]

E Goethe, em seu romance sem paralelo de 1809, *Afinidades eletivas*, se baseou na metáfora de uma teoria da ligação química, em presciente tributo à síntese quando a análise ainda ocupava o centro da ciência, criou esta conversa entre Eduard e Charlotte:

"[A]s afinidades só se tornam interessantes quando causam divórcios."
"Essa palavra lúgubre, que infelizmente ouvimos com tanta frequência na sociedade de nossos dias, também ocorre nas ciências naturais?"
"Com certeza", respondeu Eduard. "Era até um título de honra para os químicos serem chamados artistas em divorciar uma coisa da outra."
"Então não é mais assim", disse Charlotte, "e isso é muito bom. Unir é maior arte e maior mérito. Um artista da unificação em qualquer assunto seria bem-vindo no mundo inteiro."[5]

---

[3] Para um debate relevante a respeito do reducionismo, ver WEINBERG, S. "Newtonianism, Reductionism, and the Art of Congressional Testimony", *Nature* 330,1987:433, e a decorrente troca de cartas entre WEINBERG, S.; MAYR, E. em *Nature* 331,1988:475.

[4] GLEICK, J. *Genius*. Nova York: Vintage, 1993, p.437. Sou grato a Alan Lightman por chamar-me a atenção para essa citação por meio de sua resenha do livro de Gleick na *New York Review of Books*, 17 de dezembro de 1992.

[5] GOETHE, J. W. von. *Elective Affinities*, trad. inglesa de R. J. Hollingdale. Harmondsworth: Penguin, 1971, p.53. Como observa o tradutor, o inglês

19.1 Os personagens principais de *Afinidades eletivas* de Goethe. Desenho original de H. A. Dähling, gravado (1811) por Heinrich Schmidt.

O estranho é que os químicos aceitassem a metáfora da descoberta. A química é a ciência das moléculas (até cem anos atrás, diriam das "substâncias" ou dos "compostos") e de suas transformações. Algumas moléculas estão de fato *lá*, apenas aguardando serem conhecidas por nós. "Conhecidas" em suas propriedades estáticas — que átomos estão nelas, como se ligam entre si, as formas das moléculas,

---

não permite o jogo de palavras alemão entre *Scheidung* (divórcio) e *Scheidekünstler* (o nome tradicional para químico analítico).

suas esplêndidas cores. E em suas características dinâmicas: os movimentos internos das moléculas, sua reatividade. As moléculas são as da terra – por exemplo, água simples e malaquita complexa. Ou as da vida – o simplíssimo colesterol, a mais complicada hemoglobina. O paradigma da descoberta certamente se aplica ao estudo dessas moléculas.

Mas um número muito maior de moléculas químicas é feito por nós no laboratório. Somos terrivelmente prolíficos – um registro dos compostos conhecidos e bem caracterizados chega a mais de 10 milhões deles. Dez milhões de compostos que não estavam na Terra antes! É bem verdade que sua constituição segue as regras básicas e se o químico A não fez determinada molécula em determinado dia, é provável que ela tenha sido sintetizada alguns dias ou décadas depois pelo químico B. Mas o ser humano, um químico, escolhe a molécula a ser feita e um jeito distinto de fazê-la.[6] A situação não é muito diferente da do artista que, forçado pela física do pigmento e da tela, e moldado pelo treinamento que recebeu, cria porém coisas novas.

Mesmo quando estamos operando claramente em modo de descoberta na química, para elucidarmos a estrutura ou a dinâmica de uma molécula conhecida, que ocorra naturalmente, costumamos ter de nos valer de moléculas criadas. Ouvi uma vez uma bela conferência de Alan Battersby, um eminente químico orgânico britânico, a respeito da biossíntese do uroporfirinogênio-III (no mercado, o nome desta molécula é abreviado como uro'gênio-III). Não é uma molécula glamorosa, mas deveria ser. Pois é a partir desse precursor que as plantas fazem a clorofila, a base de toda atividade fotossintética. Todas as células usam outro derivado do uro'gênio-III em citocromos, para transporte de elétrons. E a crucial peça transportadora de oxigênio da hemoglobina, contendo ferro, deriva dessa pequena molécula em forma de disco.

---

[6] Ver neste contexto STENT, G. "Prematurity and Uniqueness in Scientific Discovery", *Scientific American* 227, dez. de 1972:84-93, e STENT, G. "Meaning in Art and Science", *Engineering and Science*. California Institute of Technology, set. de 1985:9-18.

O uro'gênio-III, retratado na Ilustração 19.2, é composto de quatro anéis, chamados pirroles, eles próprios ligados em um anel mais amplo. Observem-se os marcadores A e P em cada anel. As letras representam os agrupamentos atômicos Acetil (CH_2COOOH) e Propionil (CH_2CH_2COOH). Eles estão na mesma ordem quando se dá a volta no anel (a partir das dez horas) — salvo o último conjunto, que está "invertido". Assim, os marcadores são lidos como A-P, A-P, A-P, P-A.

$A = CH_2COOH$
$P = CH_2CH_2COOH$

19.2 Uroporfirinogênio-III (uro'gênio-III).

Como essa molécula natural é montada dentro de nós, é claramente uma questão de descoberta. Na verdade, os quatro anéis de pirrole são ligados, com o auxílio de uma enzima, em uma cadeia, e em seguida são ciclizados. Mas o último anel é primeiro colocado "incorretamente" (ou seja, com a mesma ordem das etiquetas A,P que nos outros anéis, A-P, A-P, A-P, A-P). Em seguida, em uma fantástica sequência de reações independentes, só o último anel, com suas etiquetas, é invertido.

Esta história incrível, mas real, foi deduzida por Battersby e colaboradores mediante uma sequência de moléculas sintéticas, não naturais.[7] Cada uma foi projetada para servir de modelo para alguma

---

[7] Para as principais referências à bela química aqui discutida tão apressadamente, ver BATTERSBY, A. R.; MCDONALD, E. "Origin of the Pigments of Life: The Type-III Problem in Porphyrin Biosynthesis", *Accounts of Chemical Research* 12, 1979:14; BATTERSBY, A. R. "Biosynthetic and Synthetic Studies on the Pigments of Life", *Pure and Applied Chemistry)* 61, 1989:337 e "How

molécula intermediária crítica no sistema vivo. Cada hipotético intermediário sintético foi submetido a condições semelhantes às fisiológicas, para por fim se rastrear a sequência dos processos naturais. Assim, usando moléculas — inaturais — que *nós* fizemos, aprendemos como a natureza constrói uma molécula que torna possível a vida.

A síntese de moléculas aproxima muito a química das artes. Criamos os objetos que nós ou os outros em seguida estudamos ou apreciamos, um pensamento formulado cem anos atrás por Marcellin Berthelot.[8] É exatamente isso que os escritores, os compositores e os artistas visuais fazem, trabalhando em suas áreas. Creio que, na verdade, essa capacidade criativa é excepcionalmente forte na química. Os matemáticos também estudam os objetos de sua própria criação, mas esses objetos, sem nada tirar de seu caráter único, são conceitos mentais, mais do que estruturas reais. Alguns ramos da engenharia são na realidade próximos da química no que tange à síntese. Talvez este seja um fator na afinidade que o químico-narrador sinta pelo construtor Faussone, o personagem principal do romance *La chiave a stella* [A chave inglesa] de Primo Levi.[9]

A natureza construtiva que distingue a engenharia fica clara na seguinte análise de David Billington:

> A ciência e a engenharia podem compartilhar as mesmas técnicas de descoberta — experiências físicas, formulação matemática — mas os estudantes logo aprendem que as técnicas têm aplicações amplamente diferentes nas duas disciplinas. A análise de engenharia é uma questão de observar e testar a operação real de pontes, automóveis e outros objetos

---

Nature Builds the Pigments of Life", *Pure and Applied Chemistry* 65, 1993:1113-22; MILGRIM, L. "The Assault on B_{12}", New Scientist. 11 de setembro de 1993:39-44.

[8] BERTHELOT, M. *Chimie organique fondée sur la synthèse*. Paris: Mallet-Bachelier, 1860, v.2. Ver também MALRIEU, J.-P. "Du devoliment au design", *L'Actualité Chimique* 3, 1987:IX; BOCHKOV, A. F.; SMIT, V. A. *Organicheskii Sintez*. Moscou: Nauka, 1987.

[9] LEVI, P. *The Monkey's Wrench*. Nova York: Simon & Schuster, 1986; publicado originalmente como *La Chiave a Stella*. Turim: Giulio Einaudi, 1978.

feitos por gente, ao passo que a análise científica se baseia em experiências de laboratório rigorosamente controladas ou na observação de fenômenos naturais e em teorias matemáticas gerais que os explicam. O engenheiro estuda os objetos para modificá-los; o cientista, para explicá-las.[10]

É uma pena que Billington caia na conhecida armadilha de representar a ciência como descoberta.

A construção de teorias e hipóteses também é um ato criativo, mais ainda do que a síntese. Temos de imaginar, invocar um modelo que muitas vezes se encaixa em observações irregulares.[11] Existem regras; o modelo deve ser coerente com o conhecimento confiável previamente recebido. Há dicas sobre o que fazer; observa-se o que foi feito em problemas análogos. Mas o que se procura é uma explicação que não existia antes, uma conexão entre dois mundos. Muitas vezes, de fato, quem fornece a pista é uma metáfora: "Dois sistemas em interação, hummm... modelemo-las com um par ressonante de osciladores harmônicos ou... um problema de penetrar numa barreira".[12] O mundo lá fora é moderadamente caótico, assustadoramente caótico nas partes que não entendemos. Queremos ver nele um padrão. Nós, "*connoisseurs* do caos",[13] somos astutos, portanto achamos/criamos um padrão. Uma leitora sensível, Mary Reppy, fez um comentário sagaz sobre isso:

> Acho que há um equilíbrio entre admitir o bastante da complexidade da realidade num problema para que ele seja interessante, e ao mes-

---

[10] BILLINGTON, D. P. "In Defense of Engineers", *Wilson Quarterly* 10, n.1, 1986:89.

[11] Baruch S. Blumberg ressaltou o papel da fantasia na construção de modelos em "The Making of a Medical Television Documentary", *American Medical Writers Association Journal* 4, n.2, 1989: 19-25.

[12] Para uma discussão da metáfora na ciência, ver vários artigos, em especial este de HOFFMAN, R. "Some Implications of Metaphor for Philosophy and Psychology of Science", em DIRVAN R.; PAPROTTE, W. (Orgs.). *The Ubiquity of Metaphor*: Amsterdã: John Benjamin, 1985.

[13] STEVENS, W. *The Palm at the End of the Mind: Selected Poems and a Play*. Nova York: Vintage, 1971, p.166-8.

mo tempo manter o pedaço de realidade que se está considerando simples o bastante (mediante aproximações) ou pequeno o bastante para que ele *possa* ser modelado. Um problema completamente entendido (ou "reduzido") é enfadonho, mas um problema realisticamente complexo é frustrante.[14]

Se mais filósofos da ciência tivessem estudado química, tenho certeza de que teríamos um paradigma de ciência muito diferente.

Tudo na arte é criação? Tão acho. Refiro-me aqui ao trabalho de Eliseo Vivas, que escreveu um livro de ensaios com o mesmo título que este capítulo. Vivas alega que boa parte da arte é um processo que mistura a descoberta à criação. Em um ensaio sobre a poesia, diz ele que o poeta *não* faz

> o que o autor do Gênesis relata que Deus fez quando nos diz que "No princípio Deus criou O céu e a terra". Ao contrário, o que o poeta faz se parece mais com o que contam que ele (Deus) fez no segundo versículo. Ante o poeta surge a terra que, para nós, é informe e vazia, e as trevas estão sobre a face do abismo. O poeta separa a luz das trevas e nos dá um mundo ordenado. Se não fosse por ele, não o veríamos... O poema revela-nos o que o poeta discerne por um ato de criação.[15]

E prossegue:

> Concebo a mente criativa como algo que descobre valores subsistentes... Do ponto de vista da cultura, a mente cria novos valores, pois antes eles não existiam para a mente criativa ou para a cultura. Mas a mente descobre-os, elevando-os do reino da subsistência até o poema, do qual são carregados pelos leitores e postos em circulação, por assim dizer, no mercado.[16]

---

[14] REPPY, M. Comunicação particular.
[15] VIVAS, E. *Creation and Discovery*. Chicago: Henry Regnery, 1955, p.137.
[16] Ibidem, p.XIII.

E escreve Richard Moore, um poeta:

O artista deve rezar para todas as forças desconhecidas e executar todos os rituais na esperança de que ele ou ela não crie nada, apenas ache para todos os que estão interessados o que há para se achar. Não deve criar, mas descobrir.[17]

Concordo com Vivas e Moore. Acho que a arte é em boa medida descoberta — das verdades profundas do que também está ao nosso redor, não raro interseccionando, mas no mais das vezes indo além do conjunto de problemas que a ciência reservou para si em sua tentativa de entendimento. A arte aspira a descobrir, explorar, desenredar — seja qual for a metáfora de seu agrado — o não único, acidental, irredutível mundo dentro de nós: "Construir vidas cada vez mais perfeitas, cidades invisíveis, nossas próprias constelações".[18]

---

[17] MOORE, R. "Poetry and Madness", *Chronicles* 58,1991:57.
[18] HOFFMANN, R. "The Devil Teaches Thermodynamics", *The Metamict State*. Orlando: University of Central Florida Press, 1987, p.3.

20. Em Louvor da Síntese[1]

É maravilhosa a criação. Primeiro admiramos a obra da Natureza – desde coisas simples como a geada que de noite se assentou sobre o vermelho desses bordos florescentes, até a mais complexa criação, repetida milhares de vezes a cada dia, de um bebê humano levado a termo e nascido. Depois, admiramos a criação humana – Mozart e seu libretista Lorenzo da Ponte, a soprano Elly Ameling e uma orquestra inglesa, separados uns dos outros por duzentos anos, colaboraram numa execução de *Voi che sapete*, tão doce e clara que até dói. Ou David Hockney, reunindo cinquenta impressos pouco desenvolvidos em uma fotocolagem em que a câmera, Hockney e nós, como o olho, nos concentramos em um pormenor aqui, pulamos ali, fazemos *zoom* em uma parte do segundo plano. Ou Phil Eaton e Thomas Cole, que sintetizaram uma molécula simples, o cubano, que tem oito átomos de carbono em forma de cubo, e cada carbono carrega também um hidrogênio (ver a Ilustração 20.1).

---

[1] Este capítulo foi adaptado de um artigo com o mesmo título publicado pela primeira vez em *Negative Capability* 10, n.2-3, 1990: 162-75.

20.1 Cubano

Quero louvar a síntese química, a fabricação de moléculas. A síntese é uma atividade notável que está no coração da química, que aproxima a química da arte e ainda tem em si tanta lógica que tentaram ensinar os computadores a planejar a estratégia de fazer moléculas.

Os químicos fazem moléculas. Fazem, é claro, outras coisas – estudam as propriedades dessas moléculas, analisam, como vimos, formam teorias sobre o porquê de as moléculas serem estáveis e terem as formas ou as cores que têm; estudam mecanismos, tentando descobrir como as moléculas reagem. Mas no coração de sua ciência está a molécula, que é feita, quer por um processo natural, quer por um ser humano.[2]

Não existe um único modo de fazer moléculas, mas muitos. Consideremos, pois, alguns diferentes tipos de síntese química. Eles são moldados pelas necessidades científicas, por considerações econômicas, por tradições e pela estética.

1. Elementar. Tomamos a substância A, talvez um elemento, talvez um composto, misturamo-lo com a substância B, nele jogamos calor e luz, aplicamos-lhe uma descarga elétrica. Numa baforada de fumaça fétida, um clarão, uma explosão, surgem os lindos cristais da desejada substância C. Esse é o estereótipo da síntese química que

---

[2] O papel especial da química, seu contraste com partes da física e sua semelhança com a arte e a engenharia são tratados no artigo de MALRIEU, J.-P "Du dévoilement au design". Ele cunhou o apto descritor *tecnopoiese* para caracterizar a química.

encontramos nas histórias em quadrinho (Ilustração 20.2). Em geral, a síntese elementar não é considerada pela comunidade química um jeito inteligente de fazer moléculas. A menos que, a menos que — a molécula produzida não existisse antes na Terra. Foi assim que o XeF_4 foi feito, sem pirotecnia, mas também por uma síntese elementar:[3]

$$Xe + 2F_2 \xrightarrow{calor} XeF_4$$

Por trás de sua criação havia um raciocínio inteligente de Neil Bartlett,[4] que permitiu aos fabricantes de XeF_4 imaginarem que o composto podia existir. Foi o primeiro composto simples de um gás nobre e um halogênio. O caráter único dessa criação pode ignorar reservas estilísticas sobre como o produto é feito.

2. Parte por planejamento, parte por sorte. Nesse limbo entre o acaso feliz e a lógica reside a vasta maioria das sínteses químicas. Temos uma vaga ideia do que queremos fazer — cortar uma ligação ali, formar uma nova aqui. Lemos sobre reações semelhantes em moléculas que se parecem vagamente com aquela de que estamos tratando, e então tentamos (ou mais provavelmente pedimos a um estudante de pós-graduação que tente) uma dessas reações. Pode funcionar, pode não funcionar — talvez as condições devam ser manipuladas, a temperatura modificada ou devamos seguir um regime diferente de adição de reagentes, para que tenham mais ou menos tempo de se mesclarem. Na sétima tentativa, algo acontece. Há principalmente uma meleca marrom no reator, mas se separarmos o líquido, extrairmo-lo com outro solvente, permitirmos que o material se cristalize, teremos os translúcidos cristais roxos de um produto.

Um exemplo dessa síntese é a reação (ver a Ilustração 20.3) em que se forma um espetacular cluster de ouro. Os químicos de Milão

---

[3] CLAASSEN, H. H.; SELIG, H.; MALM, J. G. "Xenon Tetrafluoride", *Journal of the American Chemical Society* 84, 1964:3593.

[4] BARTLETT, N. D. "Xenon Hexafluoroplatinate (V) $Xe^+[PtF_6]^-$", *Proceedings of the Chemical Society*, 1962:218.

20.2 Um famoso químico no trabalho. De "Walt Disney's Donald Duck Adventures", história e desenhos de Carl Barks, colorido por Sue Daigle, n.15 (set) Prescott, Ariz.: Gladstone, 1989. Esta é uma reimpressão do n. 44 de *Walt Disney's Comics and Stories*, publicadas pela primeira vez em 1944. © The Walt Disney Company.

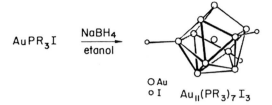

20.3 Síntese de um cluster de ouro. Cada átomo "externo" de ouro carrega um PR, grupo que irradia no centro do cluster. Estes não são mostrados, para revelar o núcleo central do cluster.

que fizeram isso[5] começaram com um simples iodeto de fosfina de ouro. Submeteram-no a condições de reação ($NaBH_4$, etanol) que em alguns outros casos levara a novas ligações ouro-ouro. Os autores da síntese acharam que algo interessante pudesse acontecer. Mas é justo dizer que não anteciparam exatamente o que *aconteceu*, embora – e isso é muito importante – estivessem bem preparados para acompanhar e determinar que moléculas eram criadas em seus frascos. De fato, surgiu um maravilhoso cluster, com um átomo de ouro em seu centro, e dez outros átomos de ouro (um icosaedro menos dois) do lado de fora.

3. *Síntese industrial*. A Ilustração 20.4 mostra um modo de fabricar aspirina comercialmente. O número de pílulas fabricadas nos Estados Unidos por ano aproxima-se do número de dólares do orçamento da defesa.

De um pouco de petróleo, o benzeno é separado e, em seguida, posto em reação sequencialmente com o ácido sulfúrico, o hidróxido

---

[5] MALATESTA, L.; NALDINI, L.; SIMONETTA, G.; CARIATI, F. "Triphenylphosphine-Gold (0)/Gold(I) Compounds", *Coordination Chemistry Review* 1, 1966:255; ALBANO, V. G.; BELLON, P. L.; MANASSERO, M.; SANSONI, M. "Intermetallic Pattern in Metal-Atom Clusters", *Chemical Communications*, 1970:1210; CARIATI, F.; NALDINI, L. "Trianioneptakis (triarylphosphine) undecagold", *Inorganica Chimica Acta* 5, 1971:172-4. A crucial estrutura de cristal que revelou o cluster de Au_{11} era para um derivado do tiocianato: MCPARTLIN, M.; MASON, R. e MALATESTA, L. "Novel Cluster Complexes of Gold(0) – Gold(I)", *Chemical Communications*, 1969:334.

20.4 Uma das sínteses comerciais da aspirina.

de sódio (lixívia), gelo seco e água e anidrido acético (escondendo vinagre) para produzir o ácido acetilsalicílico, que é a aspirina.

Há alguns anos, *Punch* fez um competente comentário em versos sobre a síntese e o que chamam de "estoques químicos de abastecimento":

> Não há coisa que o homem possa nomear
> Que seja bela ou útil no joguinho da vida
> Mas pode-se extrair num alembro ou vaso
> Da base física do alcatrão de hulha preta
> Óleo e unguento, cera e vinho,
> E as lindas cores chamadas anilina:
> Pode-se fazer qualquer coisa, de uma pomada a uma estrela
> (Basta saber como) do alcatrão de hulha preta.*

A fabricação da aspirina, como a maior parte da indústria química fina, começa com uma quantidade de petróleo refinado. Aí reside um problema, e um desafio — como fazer essas estruturas complexas partindo de fontes menos facilmente esgotáveis.

Um fator importante em qualquer síntese industrial é a segurança. O processo de fabricação não deve prejudicar a saúde dos trabalhadores, nem, como percebemos só lentamente, o meio ambiente; o

---

* There's hardly a thing a man can name / Of beauty or use in life's small game, / But you extract in alembro or jar, / From the physical basis of black coal tar; / Oil and ointment, and wax and wine, / And the lovely colours called aniline: / You can make anything, from salve to a star / (If only you know how), from black coal tar.

20.5 Uma refinaria de petróleo. Muitos dos produtos químicos usados nas sínteses são derivados do petróleo. (Foto de Robert Smith. Tony Stone Images.)

produto final deve ser seguro para o consumidor. Nesse contexto, algumas pessoas ficaram imaginando se a aspirina receberia autorização para ser vendida sem receita médica se fosse lançada hoje no mercado.

O imperativo predominante na síntese industrial é o custo. Os produtos e os reagentes iniciais devem estar o mais próximo possível da terra, do ar, do fogo e da água (e o fogo está ficando terrivelmente caro). Todos os reagentes presentes na síntese da aspirina estão na lista dos "cinquenta mais" da parada de sucessos da produção química — em volume de produção e em menor custo. O custo também leva os produtores a otimizarem a eficiência da síntese. Se uma etapa da síntese tiver um rendimento de 90% (ou seja, 90% da quantidade teoricamente possível: mais sobre rendimento no próximo capítulo), um aumento para 95%, por meio de um novo catalisador, pode proporcionar uma vantagem competitiva de milhões de dólares. No passado, isso levou a estratégias do tipo "pegue o próximo produto químico da prateleira e experimente". Hoje o segmento progressista da indústria investe em estudos básicos sobre a maneira pela qual as reações químicas acontecem, o método racional para se melhorar um processo.

A pressão competitiva para a redução dos custos está também na origem de boa parte da criatividade da síntese industrial. O químico acadêmico pode passar ao próximo problema excitante — e o faz realmente — se uma síntese não der certo. O químico industrial não tem essa opção. Segue em frente, não raro obtendo soluções engenhosas.[6]

---

[6] Para algumas observações perspicazes acerca do contraste da química criativa na indústria e nas universidades, ver HAMMOND, G. S. "The Three Faces of Chemistry", *Chemtech*, 1987:140-3.

21. O Cubano e a Arte de Fazê-lo

Há outro tipo de síntese que é planejada, como o são as sínteses industriais. Muitas das obras-primas de síntese são criadas em um ambiente acadêmico. As restrições de custo são menores, embora ainda existam. A imaginação é liberada. Decorrem daí sínteses maravilhosas. Eis aqui uma delas, já mencionada, a do cubano. Esse corante de carbono é um produto não natural. Foi feito não porque fosse julgado útil, mas por ser belo, em um simples e sólido sentido platônico. Também foi feito porque estava lá, à espera de ser feito, como a montanha proverbial. Outros não conseguiram sintetizá-lo, até que duas pessoas da Universidade de Chicago foram bem-sucedidas, em 1964.[1]

Eis aqui o quadro (Ilustração 21.1) do artigo original, que mostra como Eaton e Cole agiram. Temos à nossa frente dez moléculas com nove setas ou reações entre elas. Sobre cada seta está uma brevíssima descrição mnemônica das condições da reação. Cada reação pode ser

---

[1] EATON, P. E.; COLE JR. T. W. "Cubane", *Journal of the American Chemical Society* 86, 1964:3157-8. A Ilustração 21.1 foi adaptada desse artigo, com permissão. Copyright © 1964 American Chemical Society.

composta por cinco a vinte manipulações físicas diferentes: pesar reagentes; dissolvê-los em um solvente; misturar, agitar e aquecer; filtragem; secagem; e assim por diante. Uma etapa pode levar uma hora ou uma semana. E o esquema não inclui a trabalhosa e engenhosa química analítica necessária para identificar essas moléculas intermediárias.

No término da síntese está o cubano. No início da síntese está a molécula 1. Ela não parece simples — julga-se que no começo de qualquer construção deve haver material facilmente encontrável. Na verdade, o material inicial I *é* fácil de se fazer. A dupla de Chicago sintetizara-o anteriormente, partindo de outra molécula que custa alguns centavos o grama.

Sob cada seta há uma porcentagem. É o rendimento, a porcentagem do produto teoricamente possível que é de fato obtida.

Supondo que você execute a seguinte reação: uma molécula C_4H_6 (butadieno, é como se chama) é transformada em C_6H_{10} (cicloexeno) pela adição de uma molécula, C_2H_4 (etileno), com dois carbonos e quatro hidrogênios.

$$C_4H_6 + C_2H_4 \rightarrow C_6H_{10}$$

21.1 A síntese do cubano feita por Cole e Eaton.

Se em alguma escala (a escala da massa atômica) um hidrogênio pesa uma unidade e um átomo de carbono pesa doze vezes mais, como é o caso, você iria de 4 x 12 + 6 x 1 = 54 unidades de massa atômica do C_4H_6 para 6 x 12 + 10 x 1 = 82 unidades de massa atômica do produto C_6H_{10}. Os pesos reais dependeriam do número de moléculas de C_4H_6 com que você começa – você poderia ter um grama de C_4H_6, uma tonelada ou um miligrama. Seja qual for a massa de C_4H_6 que estiver em seu frasco no começo, o *máximo* de C_6H_{10} que poderia obter do C_4H_6 no final é 82/54 dessa massa original. Não há jeito de se fazer algo partindo do nada. A matéria conserva-se; não há reação nuclear aqui.

Na primeira etapa da síntese do cubano, Cole e Eaton obtiveram 85% do rendimento teórico possível. Nas reações seguintes, obtiveram rendimentos de 30 a 98%. Poder-se-ia pensar que a principal razão pela qual eles escreveram esses rendimentos é a de demonstrar eficiência. De fato, é fácil calcular quantos vagões do material inicial teriam de usar para obter um miligrama de cubano, se cada etapa tivesse uma eficiência de 10%. Mas não é essa a principal razão pela qual esses trabalhadores enumeraram a porcentagem de rendimento.

Em uma reação química, o rendimento é um critério estético. Para avaliar isso, consideremos como se poderia obter um rendimento de apenas 10%. Uma reação é uma sequência de manipulações físicas executadas por um ser humano falível que usa ferramentas imperfeitas. Um jeito de se obter um rendimento de 10% é derramar 90% da solução durante a passagem do frasco para o funil de filtragem. Desleixo não impressiona ninguém, nem na ciência nem na arte.

Suponhamos que cada transferência seja feita meticulosamente. A perícia é grande. Mesmo assim, obtém-se um rendimento de 10%. Agora o problema não são as mãos humanas, mas a mente. A natureza não deu atenção a nossos planos, mas decidiu fazer outra coisa com 90% de nosso material. Isso não demonstra controle da matéria pela mente, não provoca admiração. Talvez haja um jeito melhor de executar essa etapa da reação. Uma série de reações de alto rendimento, como a contida na síntese do cubano, define a elegância na química.

Há muita lógica na estratégia sintética. O planejamento de uma síntese de várias etapas parece-se com a criação de um problema de xadrez. No fim está o cubano — a situação de mate. No plano intermediário estão os lances, com regras para fazê-los. As regras são muito mais interessantes e livres do que as do xadrez. O problema do químico sintético é planejar uma posição no tabuleiro, dez lances atrás, que tenha a aparência mais anódina. Mas partindo dessa posição, um jogador (ou uma equipe de químicos), mediante uma inteligente série de lances, chega à posição de mate, não importa o que faça o adversário recalcitrante, o mais formidável oponente de todos, a Natureza.

John Cornforth, ele próprio um grande químico sintético, fez a sábia observação de que esse adversário (ele o chama verdade) "às vezes se transforma durante o trabalho em professor e amigo".[2]

O conteúdo lógico óbvio da síntese inspirou alguns a escreverem programas de computador para emular a mente de um químico sintético. A concepção de tais programas é um grande desafio para pesquisadores em "inteligência artificial" e "sistemas peritos", assim como para os químicos. A programação é um ato educativo de grande valor; os químicos que trabalharam nesses programas aprenderam muito sobre sua própria ciência, ao analisarem seus próprios processos de pensamento. O uso desses programas é hoje comum em alguns laboratórios industriais — podem ser úteis em sínteses de rotina.

Podem os programas de síntese sugerir sínteses *interessantes*, do tipo que se executadas poderiam ser publicadas em uma boa revista de química? Acho que essa questão permanece em aberto. Os artigos dos que trabalham em sínteses assistidas por computador normalmente ilustram a capacidade de seus programas demonstrando que eles sugerem caminhos para alvos difíceis idênticos aos concebidos antes por outros bons químicos (não computadorizados). Mas ainda estou à espera do artigo que comece assim:

> Há grande interesse num novo agente antiviral, o Bussacomycin-F17, isolado do molde limoso *Castela manuelensis*. Tentamos uma síntese total dessa molécula com quinze centros assimétricos, mas não

---

[2] CORNFORTH, J. W. "The Trouble with Synthesis", *Australian Journal of Chemistry* 46,1993:159.

tivemos êxito. Recorremos, então, ao programa MAGNASYN-3, que sugeriu a síntese finalmente bem-sucedida mostrada na Fig. 1...

A psicologia dos seres humanos não é muito adequada para admitir que podemos ser substituídos por um programa de computador. Só os outros o podem.

Uma síntese química é, obviamente, um processo de construção. Vemos, pois, as considerações arquitetônicas e a estética da arquitetura ocuparem um lugar de destaque. Observe-se, por exemplo, que os intermediários na síntese do cubano são mais complicados do que o material inicial ou o produto. Por que isso? Bem, devem-se colocar andaimes para segurar as peças da estrutura no lugar enquanto as outras partes são montadas. Um pormenor específico lança mais luz na questão. Em I (ver a Ilustração 21.1) há dois CO, ou grupos "cetona". A reação que leva a II transforma um deles (o "de cima") a um anel de cinco membros, mas deixa o outro em paz. Então Cole e Eaton começaram a trabalhar nesse outro, mudaram-no de CO para COOH (III→IV), o COOH para $(CH_3)_3COOCO$ (IV→V), e daí para H(V→VI). Em VI→VII, descobriram o segundo grupo cetona e trataram de fazer com ele a mesma violência que fizeram com o primeiro (VII→VIII→IX→X). Que perda de tempo! Por que não fazer os dois ao mesmo tempo?

O que vemos aqui é a básica e simples ideia de um "grupo de proteção", a proteção ou o ocultamento de uma peça de uma molécula enquanto é feita uma transformação em outra peça. Em seguida, o grupo de proteção é removido. Quando o cubano era feito pela primeira vez, Eaton e Cole receavam que esse esqueleto molecular fosse instável. Procederam, então, por pequenos passos cautelosos, valendo-se dessa estratégia de proteção.

Não precisavam ter-se preocupado. Como me contou Eaton, hoje sabemos que na realidade ambos os grupos CO ou cetona podem ser convertidos em COOH em uma única etapa. O fato de isso não ter sido tentado na primeira vez em que se fez a molécula não diminui em nada o valor da façanha sintética. Ele indica a "historicidade" dessa atividade humana, como de todas as outras: algo foi feito, talvez não tão bem como pode ser feito hoje, em etapas hesitantes, mas mesmo assim algo foi criado, pela primeira vez, pela inteligência humana, por mãos humanas.

A síntese é um processo de construção, mas que maravilhoso tipo de construção "sem usar as mãos"! Não é a montagem com prego e martelo de uma caixa de madeira em forma de cubo ou mesmo de uma *villa* de Palladio. No frasco de reação não há uma molécula, mas 1023. Elas são minúsculas. Estão todas pulando de um lado para o outro, cada uma tratando caoticamente de seus próprios negócios. E, no entanto, em média, estão sendo criadas para fazer o que *nós* queremos que façam, levadas só pelas condições macroscópicas externas que impomos ao frasco e pelas rígidas normas da termodinâmica. Criamos uma ordem local, para ordenar, por meio de um aumento da desordem nas cercanias.

Eis o que escreveu R. B. Woodward, um grande químico orgânico sintético:

> A síntese de substâncias que ocorrem na Natureza, talvez em maior medida do que as atividades em qualquer outra área da química orgânica, dá uma medida da condição e do poder da ciência. Pois os objetivos sintéticos raramente são obtidos por sorte, se é que alguma vez o são, nem tampouco para atingi-los bastarão as mais esmeradas ou inspiradas atividades puramente observacionais. A síntese deve sempre ser executada com um plano, e a fronteira sintética só pode ser definida em termos do grau em que o planejamento realista é possível, valendo-se de todas as ferramentas intelectuais e físicas disponíveis. É difícil negar que o bom êxito de uma síntese de mais de trinta etapas seja um teste de rigor ímpar da capacidade preditiva da ciência e do grau de seu entendimento dessa parte do meio ambiente.[3]

E E. J. Corey, um mestre moderno:

> O químico sintético é mais do que um lógico ou um estrategista; é um explorador fortemente influenciado para especular, imaginar e até

---

[3] WOODWARD, R. B. "Synthesis". TODD, A. R. (Org.). *Perspectives in Organic Chemistry*. Nova York: Interscience,1956, p.55.

mesmo criar. Esses elementos adicionados dão o toque artístico que raramente se encontra no catálogo dos princípios básicos da Síntese, mas são reais e extremamente importantes...

Pode-se aventar que muitos dos mais importantes estudos sintéticos provocaram um equilíbrio entre duas diferentes filosofias de pesquisa, uma que encarna o ideal de uma análise dedutiva baseada na metodologia conhecida e na teoria atual, e a outra que dá ênfase à inovação e até à especulação. Pode-se esperar que o apelo de um problema de síntese e seu atrativo alcancem um nível desproporcional em relação às considerações práticas, sempre que represente um claro desafio à criatividade, originalidade e imaginação do especialista em síntese.[4]

É interessante notar que foi Woodward que, pela verve e estilo de suas sínteses, fez que os químicos sentissem que "a arte da síntese" era, de fato, uma grande arte. E Corey escreveu um livro intitulado *The Logic of Chemical Sybthesis* [A lógica da síntese química].

Pode parecer que, ao se fazerem coisas, a arte e a lógica puxem em direções opostas, formando mais um eixo. Mas no trabalho de criação, há outro tipo de síntese, a do dual (*twain*).[5]

---

[4] COREY, E. J. "General Methods for the Construction of Complex Molecules", *Pure and Applied Chemistry* 14, 1967:30.
[5] Para uma notável e vigorosa análise da síntese, ver CORNFORTH, J. W. "The Trouble with Synthesis"; HOFFMANN, R. "How Should Chemists Think?", *Scientific American*, 268, 1993:66-73.

22. A Fonte de Aganipe[1]

Em Millesgården, na ilha de Lidingö, perto de Estocolmo, exibe-se esplendidamente a obra do grande escultor sueco Carl Milles. Durante uma recente visita, vi um grupo de esculturas, a fonte de Aganipe, sob nova luz. O tema é de origem clássica, mas a interpretação de Milles é idiossincrásica. Diziam que a nascente de Aganipe, nas encostas do monte Helicão, na Grécia, inspirava artistas e poetas. Milles retrata Aganipe como uma figura feminina, reclinada mas em movimento à beira do tanque, e nele se refletindo. Do tanque emergem vários golfinhos, arqueados em meio a um salto. Três dos golfinhos carregam nas costas homens que simbolizam a Música, a Pintura e a Escultura. Os bicos dos golfinhos jorram água; trata-se, afinal, de uma fonte, e Milles era um mestre no desenho delas (Ilustração 22.1).

O grupo de esculturas de Aganipe sempre me deu prazer quando ornava um pátio do Metropolitan Museum of Art de Nova York. Foi

---

[1] Os Capítulos 22-26 foram adaptados de HOFFMANN, R. "Natural/Unnatural", *New England Review and Bread Loaf Quarterly* 12, n.4, 1990:323-35. Agradeço a Emily Grosholz a cuidadosa edição deste artigo.

22.1 A fonte de Aganipe de Carl Milles em Millesgården na ilha de Lidingö, perto de Estocolmo. (Fotos do autor.)

agora transportado para Brookgreen Gardens, nos arredores de Charleston, Carolina do Sul. Vê-se em Millesgården uma réplica, com algumas figuras a menos. Continua linda.

As fontes dizem respeito à água – seus movimentos, divisibilidade e reunião em um fluxo. Também dizem respeito ao artifício – o real e o imaginado, o natural e o inatural. É esta última distinção que quero explorar, mostrando primeiro como o artista e o cientista podem confundir essa distinção, por boas razões, e em seguida argumentando que a distinção tem, afinal, certa validade.

Uma das figuras montadas que emerge da fonte – um homem equilibrado no dorso de um golfinho – representa a Escultura. Ele é de tamanho natural, muito maior do que o golfinho estilizado e diminuto, e, no entanto, essa desproporção não tem importância. O homem está dançando, e a atração da gravidade lhe é leve. A arte de Milles, seu recorrente objetivo, era derrotar a gravidade. Em esculturas de bronze! A água, que jorra em vários finos jatos dos bicos dos golfinhos, está dirigida para cima; ela torna a cair, sob a força natural da gravidade, e banha o rapaz. Ele se estira para trás e em uma das mãos estendidas repousa (essa não é palavra adequada para a escultura de Milles; mais precisamente, "se equilibra") um cavalo. O cavalo é pequeno, do tamanho do antebraço do homem, mas é real, e galopa no ar. Na cabeça do cavalo, em um último desafio à gravidade, outro homem, menor, se equilibra – voando, caindo, voando (Ilustração 22.2).

O que é natural e o que é inatural nesse trabalho, que é tanto uma fonte quanto uma escultura? Como todas as fontes, é claramente sintética, artificial e inatural. Alguém concebeu um dispositivo inteligente, que associava arte e engenharia hidráulica, para manipular com objetivos estéticos um dos componentes essenciais da vida e da terra, a água. As fontes são esculturas com a característica exclusiva de usar a água como elemento escultórico. E boa parte de seu interesse vem do fato de superarem a tensão de opostos entre o bronze ou a pedra e a água em movimento, aparentemente livre. Como poderiam esses elementos se integrar? E, no entanto, nessa escultura cinética, eles se integram.

O artifício é que a água não "quer" correr para cima, nem quer correr em canais controlados, e muito menos através de bicos de golfinhos! Conspiramos para fabricar mecanismos elaborados para canalizar a água, bombeá-la para cima para que possa fluir para baixo naturalmente e, na busca de seu próprio nível, em alguns lugares fazê-la correr direto para cima. Bombas, registros, comportas, válvu-

22.2 Dois pormenores da fonte de Aganipe de Carl Milles. (Fotos do autor)

las – meu Deus, toda aquela mecânica oculta do artificial! O que poderia ser mais sintético do que uma fonte?

As figuras da fonte são fundidas em bronze, seus elementos mecânicos são feitos de outros metais. O próprio bronze é artificial. Será mesmo? O bronze é uma liga de cobre e estanho (talvez com um pouco de chumbo e zinco), liga esta de suficiente importância na história da humanidade para dar nome a toda uma era. A liga é, ao mesmo tempo, mais dura e mais fundível que seus elementos componentes, que por sua vez são fundidos de seus minérios e refinados em um notável processo metalúrgico, feito por homens e máquinas. Os minérios de cobre e estanho – covelita, cuprita, cassiterita, entre outros – são sem dúvida naturais. Mas nem sempre repousaram inalterados na terra. Tiveram origem sob a ação de forças que operam talvez de modo mais fraco por um longo tempo (geoquímica) do que a intervenção metalúrgica humana, ou de modo mais forte em um tempo mais breve (as transformações nucleares dos primeiros segundos do universo).

Assim, aqui na fonte de Milles, minérios naturais e tecnologia inatural de fundição e de formação de ligas são usados pelo homem natural no claramente inatural ato de esculpir para manipular o mais natural dos elementos, a água, e para construir imagens de homens, cavalos e golfinhos naturais. E essas são todas elas percebidas por meu olho biológico como uma fonte que me agrada, e posso compará-la com fontes romanas que nunca vi, exceto por suas imagens inaturais em papel natural mas fabricado! Qualquer separação imaginada do natural e do inatural pode ser refutada no exame não só da fonte de Milles como também na análise atenta, estética ou científica, de qualquer objeto presente em nossa experiência.

23. Natural/Inatural

Os cientistas, e em especial os químicos, provavelmente vão gostar da discussão que encerra o capítulo anterior. Sentem-se com frequência assediados pela sociedade por produzirem materiais "inaturais" e às vezes francamente perigosos. Uma rápida sondagem dos meios de comunicação mostra um uso continuado de termos descritivos negativos toda vez que a química é mencionada. Adjetivos como "explosivo", "venenoso", "tóxico" e "poluente" são tão intimamente correlacionados com nomes ou substantivos químicos que passaram a ser clichê. Enquanto "natural", "cultivado organicamente", "não adulterado" etc. recebem conotações positivas, os produtos sintéticos podem no máximo ser vistos como condicionalmente bons. Mesmo assim, as substâncias sintéticas são fabricadas e compradas em larga escala. Pois elas nos protegem, nos curam, tornam a vida mais fácil, mais interessante e mais colorida. Os químicos deparam de modo frustrante com sinais conflitantes vindos da sociedade — dependência econômica e recompensa, associadas a uma atitude abusiva dos meios de comunicação e de alguns intelectuais. Fico pensando se não pode haver algum paralelo com a atitude para com os usurários judeus na Europa da Idade Média.

Poder-se-ia aconselhar aos químicos envolvidos em pesquisa pura não assumirem o peso da culpa que recai sobre os muitas vezes gananciosos e às vezes antiéticos produtores e vendedores de um perigoso produto químico. Mas esse é um tema que merece sua própria ampla discussão; correta ou erradamente (acho que as duas coisas), muitos químicos sentem que os meios de comunicação e a sociedade adotam posicionamentos negativos não só diante dos comerciantes, mas diante da química e dos químicos.

Poder-se-ia também estabelecer uma distinção entre as palavras artificial (*man-made* ou *woman-made*), *sintético* e *inatural*. As palavras comuns não estão isoladas dos significados alternativos que o uso para eles construiu. Quando se passa de *artificial* para *inatural*, o número desses outros significados, com suas conotações negativas associadas, claramente se multiplica. Usarei, porém, essas palavras como intercambiáveis, pois acho que são assim empregadas no diálogo acerca dos produtos químicos e das pessoas.

Assim, os cientistas darão as boas-vindas ao que parece inegável, que em qualquer atividade humana – arte, ciência, negócios ou educação de crianças – não faz muito sentido separar o natural do inatural. Ambos estão inextricavelmente entrelaçados, pois há uma ambiguidade implícita em qualquer tentativa de separá-los.

Um artista que reflita sobre sua vocação não se oporá, pela minha experiência, à avaliação do inatural como um vínculo criativo comum entre a arte e a ciência. Alguns artistas foram até além, como Igor Stravinsky em sua *Poética da música*. Ele denuncia a ideia de que os sons naturais sejam música ou de que a música deva imitar a natureza:

> Tomo conhecimento da existência de sons naturais elementares, a matéria-prima da música, os quais, agradáveis em si mesmos, talvez sejam agradáveis ao ouvido e nos deem um prazer que pode ser bem completo. Mas acima e além desse gozo descobriremos a música, a música que nos fará participar ativamente do trabalho de uma mente que ordena, dá vida e cria. Pois na raiz de toda criação descobrimos uma fome dos frutos da terra.[1]

---

[1] STRAVINSKY, I. *The Poetics of Music*. Cambridge: Harvard University Press, 1956, p.29.

O químico irá mais além, como o farei, e defenderá a tese de que todas as substâncias — água, bronze, a pátina sobre esse bronze, as mãos de Milles, meus olhos — tudo isso tem uma estrutura microscópica. É composto de moléculas. Os átomos componentes, seu arranjo no espaço dão a essas substâncias macroscópicas suas várias propriedades físicas, químicas e biológicas. Como já notamos, uma diferença tão sutil como o fato de uma molécula ser a imagem especular de outra afetará sua doçura, sua capacidade de viciar ou de ser uma toxina. Boa parte da beleza da moderna bioquímica reside em desenredar os mecanismos diretos de ação dos processos naturais e biológicos — quão precisamente o O_2 se liga à hemoglobina em nossas células sanguíneas vermelhas e por que o CO se liga ainda melhor. O fato de o náilon ter substituído a seda nas meias femininas não é só uma circunstância feliz — há importantes semelhanças, no nível molecular, entre a composição e a estrutura dos dois polímeros (grupos amido, carbonil; estruturas de folha preguead; ligações de carbono...). A singular façanha intelectual da química em nossa época é a compreensão da estrutura das moléculas, cobrindo um intervalo que vai da água pura à liga de bronze ou à proteína rodopsina nos cones dos meus olhos.[2]

Mas para que os cientistas não se sintam à vontade demais, irei em frente e defenderei a distinção entre "natural" e "inatural". Essa divisão conta com boas razões para a sua persistência histórica. Nenhuma quantidade de suposta "racionalidade" fará desaparecerem as preocupações intelectuais reais, e elas persistem para os cientistas tanto quanto para as outras pessoas.

Na química, a dicotomia natural/inatural tem uma história interessante. As velhas distinções entre as substâncias orgânicas e inorgânicas foram varridas pela demonstração, feita pela primeira vez por Hermann Kolbe em 1845 para o ácido acético, de que as substâncias que ocorrem naturalmente podem ser sintetizadas par-

---

[2] Ver também MARKL, H. "Die Natürlichkeit der Chemie" em MITTELSTRASS, J.; STOCK, G. (Orgs.), *Chemie und Geisteswissenschaften*. Berlim: Akademie Verlag, 1992, p.139-57.

tindo de fontes completamente inorgânicas e inanimadas.[3] Note-se a sutil diferença de ênfase aqui — orgânico *versus* inorgânico, não natural *versus* inatural. Tanto as moléculas orgânicas quanto as inorgânicas precisaram da manipulação humana para se mostrarem idênticas.

A identidade de substâncias continua sendo até hoje objeto de disputa e de valor econômico. Por exemplo, os químicos normalmente zombam do fato de as lojas de alimentos fazerem propaganda da vitamina C de rosa-mosqueta (*rose-hip*) (e a venderem caro), como algo diferente da vitamina C produzida sinteticamente. O mesmo químico, chamamo-lo A, fica muito zangado quando o colega B diz que a síntese de uma molécula relatada por A não pode ser reproduzida. O que provavelmente aconteceu é que um dos reagentes de uma síntese continha alguma mistura casual de um catalisador, em razão de seu modo de preparo. Esse catalisador "sujo" fez que a reação acontecesse para A, mas não no frasco de reação de B. A pura vitamina C, sintética, é idêntica à vitamina C natural. Mas um frasco de vitamina C feita de rosa-mosqueta certamente não é idêntico a um frasco de vitamina C feita por um fabricante químico — no nível de partes-por-mil. Não estou sugerindo que haja diferenças importantes, mas simplesmente que, em princípio, pode haver diferenças em substâncias que são forçosamente impuras e, portanto, misturas.

Os químicos poderiam refletir sobre o fato de que, apesar da aparente irrelevância das divisões orgânico/inorgânico e natural/inatural na química, em sua própria linguagem e estrutura social a dicotomia tem sua vida própria. Por exemplo, as pessoas do comércio molecular falam de "síntese de produto natural" (ou seja, a síntese de moléculas encontradas na natureza) para distingui-la da síntese de moléculas nunca antes presentes na terra. Mas, o que é significativo, nenhum químico usa o termo *produtos inaturais*, a não ser por piada.

---

[3] O crédito normalmente vai para Friedrich Wöhler quanto à ureia. Mas um artigo convincente de Douglas McKie (que me foi mostrado por Loren Graham, a quem sou grato) demonstra que a síntese de Wöhler não convenceu inteiramente a muita gente: MCKIE, D. "Wöhler's 'Synthetic' Urea and the Rejection of Vitalism: A Chemical Legend", *Nature* 153, 1944:608-9.

23.1 Pílulas de vitamina. (Foto de Ken Whitmore, Tony Stone Images.)

O leve humor da expressão revela, como o faz o humor muitas vezes, alguns dos sentimentos ambíguos que os químicos não raro têm a esse respeito.

Os químicos também distinguem a disciplina de bioquímica, que diz respeito à natureza e ao mecanismo dos processos químicos básicos presentes nos organismos vivos. Os bioquímicos com frequência visam a entender o mecanismo desses processos, reduzindo-os a uma sequência de ações químicas individuais. Mas os químicos orgânicos, inorgânicos e físicos que estudam essas etapas individuais fundamentais raramente poderiam garantir um emprego em um departamento de bioquímica! Os químicos sintéticos elogiam os métodos *biomiméticos* (ou seja, procedimentos sintéticos que imitam os naturais). O prefixo "bio" tem, obviamente, certo valor psicológico e social. Essas divisões e especializações profissionais persistem, dando vida à dicotomia natural/inatural mesmo na química.

24. Almoço Fora

O comportamento pessoal dos cientistas também é revelador. O roteiro que se segue é um pastiche de diversas experiências recentes. Não muito tempo atrás, fui convidado para almoçar por um executivo de uma grande empresa química. Estávamos em um luxuoso restaurante recém-inaugurado, orgulhoso de trazer a *Nouvelle Cuisine* a este rincão da América. As cadeiras eram de madeira leve, delicadamente empalhadas, e os guardanapos davam a sensação do linho fino. Percebia-se o toque de alguém treinado em arranjos florais em ikebana.

Eu estava preparado para bater papo, falar amenidades e um pouco de boa ciência. Em vez disso, meu anfitrião começou a desabafar, em uma diatribe nervosa contra alguns jovens, o equivalente norte-americano dos "verdes" na Europa, que não lhe deram trégua em uma entrevista coletiva naquela manhã.

Esses jovens (ele não parava de se referir a eles) dominaram a discussão pública depois que ele apresentou um plano para a construção de uma nova fábrica de química agrícola para pesticidas e herbicidas. Perguntaram-lhe se os produtos químicos a serem produzidos haviam sido adequadamente testados no que se refere à mutagenicidade, e questionaram o controle da empresa sobre os efluentes. Lembraram, agressiva e, segundo ele, arrogantemente, um acidente acontecido antes em uma fábrica da companhia. Achou as críticas deles medrosas, não científicas e irracionais. Eles pareciam duvidar da necessidade do pesticida, um agente contra brocas; achavam que os métodos naturais de controle de pragas eram adequados. O homem mais idoso, um químico competente e obviamente um bom homem de negócios, estava irritado, talvez porque não pudera permitir-se ficar irritado durante a conferência de imprensa. Enfureceu-se com a anarquia confusa daquela gente e também sugeriu que aquilo fora organizado com motivos políticos. Os bons vinhos, primeiro um Chardonnay do estado de Nova York, depois um magnífico Saint-Emilion, acalmaram-no um pouco. Depois do vinho branco foi capaz de fazer piadas sobre o então atual escândalo de adulteração do vinho austríaco (o dietileno glicol, um componente de anticongelante, fora usado para "adoçar" o vinho). A tempo, o prazer de contar a um visitante receptivo um achado que fez em uma loja de antiguidades, uma rara cesta indígena (compartilhamos o interesse pela arte nativa norte-americana), levou a melhor. Depois do almoço, passeamos pelos jardins em torno do restaurante, admirando com especial atenção as tulipas roxas e negras, então em flor.

25. Por que Preferimos o Natural

Não é preciso um executivo e um luxuoso restaurante moderno para esse roteiro. Suspeito que os mais enérgicos defensores da ausência de separação entre o natural e o inatural tenham em casa belas janelas e não grandes ampliações fotográficas de paisagens exóticas no lugar delas. Cultivam em casa plantas reais, não imitações artificiais de plástico e pano. Nenhum solário será substituto para seu bronzeado do Algarve ou das Bahamas; evitarão como a peste telhas de plástico em sua casa e imitações de veios de madeira na mobília da sala de jantar; vão queixar-se do que a Comunidade Econômica Europeia está tentando fazer com sua cerveja. Acho evidente que o cientista ou tecnólogo que se queixa do fato de outras pessoas "pouco razoáveis" não serem capazes de ver a impossibilidade de se separar o natural do sintético testemunha, apesar de tudo, a influência que, no dia a dia, essa separação tem em sua psique.

Reflitamos, pois, sobre a razão de preferirmos o natural, não importa quem somos ou o que fazemos. Vejo muitas forças psicológicas e emocionais interligadas em ação – entre elas, seis que posso rotular: romance, *status*, alienação, presunção, escala, espírito.

Romance. No segundo ato da ópera de Tchaikovsky, *A Rainha de Espadas*, é interpolada uma masque ou *pastorale*, "A Pastora Fiel", que não existe na história original de Puchkin. Daphnis e Chloe cantam o prazer que têm com a natureza, em um maravilhoso dueto mozartiano (Ilustração 25.1).[1]

A tradição da *pastorale* é tão antiga quanto a das fontes. Esse tipo de romance deriva de uma luta irrealista do que não mais existe ou pode existir. A *pastorale* pode até ser um jeito de nos distanciarmos do pastoral – a ironia dessas construções irreais e inaturais mas extasiantes, supostamente referentes ao natural, é que todos apreciavam as *pastorales*, exceto as pessoas que ganhavam a vida nos pastos. Acabaram-se as cortes reais, mas as tradições românticas persistem. A busca da natureza, da madeira legítima, do cheiro de feno, a sensação do vento nas velas ainda determina nossos *desejos*. Pouco importa que o estábulo real cheirava mal ou que as estações de trem eram estruturas sujas e barulhentas. Vejo Ingrid Bergman dizendo adeus a Leslie Howard na estação de trem e conheço todas as estações de trem. Sinto-as dentro de mim. O estábulo em minha mente cheira bem.

Status. O sucesso real do sintético deve-se ou a uma combinação de baixo custo, maior durabilidade, mais versatilidade ou mesmo novos recursos, em relação aos materiais naturais. Este é o século dos polímeros, em que grandes moléculas sintéticas substituíram um após o outro os materiais naturais: náilon no lugar do algodão nas redes de pesca, fibra de vidro em vez de madeira nos cascos dos barcos. A substituição ou a nova utilização (polietileno como embalagem de alimentos, por exemplo) é invariavelmente um processo democratizante, pois um amplo leque de materiais se torna disponível mais barato a um maior grupo de pessoas. Distribuição de águas e esgotos e recolhimento de lixo, um mais amplo espectro de cores, melhores habitações, menor mortalidade no nascimento e na primeira idade estão agora disponíveis para muito mais gente do que os que podiam usufruir de tais luxos e artigos de primeira necessidade cem anos atrás.

---

[1] TCHAIKOVSKY, P. I. *Complete Works*, v.4l. DMITRIEV, A. (Ed.). Moscou: Government Musical Publishing House, 1950, p.198.

25.1 Partitura para piano e voz de um dueto da *pastorale* do ato 2 de *A Rainha de Espadas* de Tchaikovsky.

Mas os seres humanos são (muito) estranhos. Quando têm uma coisa, querem mais. Ou simplesmente querem algo melhor do que o do vizinho. Quando o sintético se torna barato e disponível para todos, ocorre uma curiosa inversão de gosto: os árbitros da elegância decretam que o "natural" tem mais charme. Se uma camisa de algodão deve parecer mais elegante que uma mescla "que não amarrota", com certeza a camisa começa a ser vista assim. Um piso de madeira é certamente considerado melhor do que o de linóleo, e quanto mais rara a madeira, melhor.

Talvez eu tenha sido muito negativo aqui. Talvez a seda seja realmente "sentida" como melhor do que o náilon. Talvez o que queiramos não seja tanto sermos superiores a alguém quanto sermos um pouco diferentes (não demais!). O natural oferece, em sua infinita variabilidade, essa oportunidade de ser um pouco diferente.

Alienação. Estamos tornando-nos distantes de algumas de nossas ferramentas e dos efeitos de nossas ações. Vemos isso no trabalho de rotina em uma linha de montagem, na venda de *lingerie*, até mesmo na pesquisa científica. Trabalhamos em uma parte de algo, não no todo. Para sermos eficientes, trabalhamos de modo repetitivo, e assim podemos perder o interesse pelo todo. Montanhas de papel isolam-nos dos seres humanos afetados por nossas ações. Ao nosso redor, abundam máquinas cujo funcionamento não entendemos. Duvido que haja muitos dos meus colegas capazes de fazer o que o Yankee de Connecticut na Corte do Rei Artur, de Mark Twain, podia fazer — ou seja, reconstruir a nossa tecnologia com base em todas essas equações diferenciais parciais que conhecemos. Apertamos botões e os elevadores vêm (ou não vêm). Ou pior, apertamos botões e são disparados mísseis, e só as vítimas veem o sangue.

O sintético, artificial e inatural é quase sempre um múltiplo produzido em fábrica, barato porque produzido em massa. Para ser produzido em massa, deve ser estampado, fundido ou impresso de modo repetido. Os objetos feitos assim parecem idênticos. Em princípio, seu design poderia ser bom, mas na prática ele é sacrificado por economia. O típico objeto produzido em massa pouco mostra da história de sua fabricação, nem no design nem na execução. Os antibióticos de tetraciclina, por exemplo, são isolados de uma cultura de organismos vivos, quimicamente modificados, purificados e empacotados em ferramentas e dispositivos admiráveis e inventivos. Mas um frasco de cinquenta pílulas de tetraciclina esconde a engenhosidade que está por trás desse produto múltiplo, sua fabricação por seres humanos que utilizam ferramentas por eles mesmos projetadas.

Há algo no fundo de nós que nos faz querer ver a assinatura de uma mão humana no produto. Há maneiras inteligentes de individualizar artigos produzidos em massa. Tenho em mente as variações de cor dos impressos de F. Hundertwasser (pouco baratos) ou das alegres cerâmicas que Stig Lindberg desenhou para Gustavberg na Suécia na década de 1950. Elas devem ser incentivadas.

Presunção. O falso tem uma conotação negativa em todas as coisas significativas para os seres humanos. Não é bom contar mentiras, fingir ser quem não é. Boa parte do mundo sintético dos produtos químicos não é só inatural no sentido de ser artificial, muitas vezes também finge ser o que não é. Em parte isso é uma consequência natural da substituição de algo familiar por algo não muito diferente, mas mais forte, mais resistente ao calor etc. Assim, pratos de plástico trazem figuras usadas nas porcelanas, e as placas plásticas do mobiliário muitas vezes imitam as nervuras da madeira. Os guardanapos imitam o linho, a renda e o bordado. Existe a antiga profissão de marmorizar. Uma vez me disse um jovem que aprendia essa honrada arte que para ser competente se deve não só estudar o mármore mas também ter em mente, ao pintar, as forças geológicas que o moldaram. Ora, um pouco disso é ótimo, mas imitação em demasia, um desmonte que se acumula, inevitavelmente leva à repulsa. Anseia-se pelo autêntico, pelo real.

Escala. Pode haver muito de uma coisa, e pode haver demais, ponto final. O primeiro cinzeiro de plástico, ou a primeira joia de titânio parecem interessantes, mas quando uma quantidade cada vez maior delas invade nosso meio ambiente, logo começam a nos aborrecer. A natureza repetitiva de sua produção (a chave de seu êxito econômico) é não raro a única característica que um objeto produzido em massa nos comunica em termos de estilo.

Às vezes a própria superabundância de objetos artificiais em nosso meio ambiente, mais do que a repetição do mesmo, nos repele. O quarto típico de motel norte-americano, por exemplo, pouca folga nos dá do artificial. A variedade de plásticos e fibras sintéticas na mobília desses quartos é espantosa e até intelectualmente interessante, como um exemplar para um curso sobre polímeros ou ao pensar nos

25.2 Um clássico padrão de porcelana em um prato de plástico, um pano de mesa que imita renda, um guardanapo de papel com figuras de tapete persa.

problemas que esses quartos colocarão para os futuros arqueólogos. Mas somos pouco atraídos por esse cenário.

Espírito. Que faz os cientistas, na verdade todos nós (pois os cientistas não são diferentes das outras pessoas) buscarem o natural? Nenhuma explicação psicológica ou sociológica é suficiente.

Um cientista perspicaz, Jean-Paul Malrieu, escreveu:

> Este casaco de linho é algo que compartilhamos, pelo menos de um modo imaginário, com nossos avós e ancestrais distantes, com heróis, com a história. E este é um sentimento nobre e valioso. Pertencemos a uma longa corrente e nos lembramos, não corremos para o mar final. O mesmo se pode dizer da madeira, da pedra — seu contato no dia a dia faz-nos lembrar de outras formas de vida, de épocas da história da terra em que a humanidade ainda não se anunciara; a cerâmica de nossas prateleiras fala-nos de outros lugares, de outras tribos, outras necessidades. E de argila.[2]

---

[2] Jean-Paul Malrieu, carta a Roald Hoffmann, 1º de dezembro de 1993.

Um argumento genético e evolucionista sobre a forte afinidade dos seres humanos com o mundo vivo foi dado por Edward O. Wilson em sua hipótese da biofilia.[3] Para mim, ele parece verdadeiro.

Laura Wood, uma leitora precoce de meu manuscrito, ressalta que as pessoas têm sentimentos tão fortes acerca de questões ambientais porque "para alguns se trata de uma questão profundamente espiritual... Uma vez que a matéria está imbuída de espírito, o próprio mundo é sagrado e deve ser tratado com respeito".[4]

Creio que nossa alma tem uma necessidade inata do que é fortuito, único, dessa coisa crescente que é a vida. Vejo um pinheiro tentando crescer em uma patente ausência de solo arável, em uma fenda de um penhasco de granito sueco perto de Milesgården, e fico pensando como ele, ou sua descendência, vai enfim fender aquela rocha. As plantas que tentam viver em meu escritório fazem-me lembrar daquela árvore. Até mesmo as nervuras da madeira de minha escrivaninha, embora me falem da morte, falam-me daquela árvore. Vejo um bebê satisfeito depois de mamar no peito, e seu sorriso desbloqueia um caminho neural para a memória dos sorrisos de meus filhos quando eram pequenos, à vista de uma fileira de patinhos andando atrás da mãe, para aquela árvore. Como diz A. R. Ammons, "Minha natureza a cantar em mim é a tua natureza a cantar".[5]

---

[3] Ver WILSON, E. O. *Biophilia: The Human Bond with Other Species*. Cambridge: Harvard University Press, 1984; e WILSON, E. O.; KELLERT, S. R. (Orgs.). *The Biophilia Hypothesis*. Washington, D.C.: Island Press/Shearwater Books, 1993, em especial o capítulo de autoria de Stephen Kellert. A contribuição de Jared Diamond a este último livro modera sabiamente nossa atração natural pela hipótese da biofilia .

[4] WOOD, L. Comunicação particular.

[5] De "Singling & Doubling Together", em AMMONS, A. R. *Selected Poems*, ed. ampliada. Nova York: Norton, 1986, p.114-5.

26. Jano e a Não Linearidade

Que dizer do lado sinistro dessa imagem da química, semelhante à de Jano? Na realidade, acho que a imagem que o público faz da química não é tão má quanto pensam os químicos, se levarmos em conta o fato de os seres humanos serem muito não lineares no que pensam podem odiar e amar, ter horror e dar valor à mesmíssima coisa. Lembro-me de que duas galinhas foram mortas atrás de minha casa na Polônia, e ainda sinto arrepios ao me lembrar disso. Adoro comer galinhas, mas não quero vê-las serem mortas. Ou tomemos o comportamento diante de médicos – fui criado em uma família de classe média de judeus imigrantes, em que todos os pais queriam que seus filhos fossem médicos. No entanto, se ouvíssemos o que diziam dos médicos, teríamos uma infindável ladainha de queixas – faziam maus diagnósticos, eram desumanos, só queriam saber de dinheiro, e daí por diante.

Muita gente tem medo da química; mas as mesmas pessoas, e não pessoas diferentes, também apreciam a quimioterapia e o polietileno. Assim (e aqui me dirijo a meus colegas químicos), quando forem atacados por ambientalistas aparentemente irracionais, quero que respirem fundo, não deixem o sangue subir à cabeça pela raiva e abram seu coração. Ninguém está atacando vocês. O ambientalista, aquele que não quer ver poluído nosso ninho, é você também. Odeio ver seres humanos polarizados pela religião, pela raça ou pela política. Não é "nós" (sejamos "nós" quem formos) *versus* "eles", esses críticos irracionais e luditas de nosso estilo de vida. Há muito "deles" em "nós" – aceitemos essa complexidade dos seres humanos, bela e estimulante para a vida, uma complexidade que não impede o químico de se enfurecer em um fétido depósito de lixo químico, mesmo sabendo que a produção dessas substâncias químicas aumentou nosso tempo de vida.

Quarta Parte

Quando algo está errado

27. Talidomida[1]

A Chemie Grünenthal era uma das pequenas empresas farmacêuticas da Alemanha do pós-guerra. Começou fazendo antibióticos para outras empresas, mas na década de 1950 se aventurou na produção de suas próprias penicilinas modificadas. O mercado farmacêutico alemão era bastante aberto na época; nem a eficácia nem a segurança da droga tinham de ser provadas em muito detalhe. Quase tudo estava disponível no balcão, e o sucesso de um produto dependia tanto da publicidade e do marketing quanto de seu valor.[2]

Foi na década de 1950 que apareceram o Valium e o Librium, tranquilizantes que foram um sucesso imediato. A Ilustração 27.1 mostra a estrutura do diazepam (Valium) e do barbital (Veronal), um sedativo barbitúrico comum. Era natural para as companhias farma-

---

[1] Boa parte da informação contida neste capítulo foi retirada de SJÖSTRÖM, H.; NILSSON, R. *Thalidomide and the Power of the Drug Companies*. Harmondsworth: Penguin, 1972.
[2] KNIGHTLEY, P.; EVANS, H.; POTTER, E.; WALLACE, M. *Suffer the Children: The Story of Thalidomide*. Nova York: Viking, 1979.

cêuticas explorarem compostos que fossem quimicamente semelhantes, ainda que de modo muito vago, a essas moléculas. Havia muito dinheiro a ganhar no mercado de sedativos e tranquilizantes.

diazepam
(Valium)

barbital
(Veronal)

27.1 A estrutura do diazepam (Valium; *esquerda*) e do barbital (Veronal; *direita*).

Dado seu tamanho, a Chemie Grünenthal contava apenas com um departamento científico pequeno, chefiado por um médico, o dr. Heinrich Mückter. Em 1954, Wilhelm Kunz, um químico de sua equipe — na verdade, um farmacêutico de formação — sintetizou a (N-ftalidomido)-glutarimida ("talidomida"), a molécula cuja estrutura é mostrada na Ilustração 27.2. Note-se a semelhança superficial com os sedativos mostrados anteriormente. Note-se igualmente a presença na talidomida de um carbono com quatro diferentes grupos ao seu redor (marcado por um asterisco na Ilustração 27.2), indicando a existência de enantiômeros, imagens especulares não sobreponíveis.

talidomida

27.2 A estrutura química da talidomida.

Motivado pela semelhança que indiquei, os pesquisadores da Chemie Grünenthal convenceram-se de que a molécula tinha boas propriedades sedativas. A razão pela qual digo isso dessa maneira é que as investigações subsequentes não conseguiram confirmar as qualidades sedativas reivindicadas. A toxicidade da talidomida era baixa, e isso encorajou os fabricantes a lançarem a droga no mercado. Primeiro era apresentada como parte de uma combinação de drogas direcionada às infecções respiratórias, em 1956, e logo em seguida vendida como sedativo diretamente e em dúzias de combinações na Alemanha.

A empresa necessitava de artigos publicados que certificassem a utilidade da droga. Assim, saiu à procura deles. Nos arquivos da Grünenthal há um relatório de seu representante na Espanha afirmando que um certo médico "declarara estar pronto para redigir um breve relatório sobre o Noctosediv [o nome comercial da talidomida na Espanha] cujo esboço final ele nos daria a liberdade de revisar". Nos Estados Unidos, em 1959, Ray O. Nulsen, um médico de Cincinnati, foi convencido a testar a droga pelo dr. Raymond Pogge, o diretor médico da Richardson-Merrell, a empresa norte-americana que tentava comercializar a talidomida sob licença da Grünenthal. Eis aqui parte do depoimento de Nulsen em um julgamento ocorrido mais tarde (Sprangenberg é um advogado que toma o depoimento diante do Tribunal Distrital Leste da Pennsylvania):

> "Observo, doutor", disse Spangenberg, "que ele (dr. Pogge) lhe pediu que começasse logo a testar e a enviar relatórios. Você tem cópias dos documentos que enviou?"
> "Não, foi tudo verbal", respondeu o dr. Nulsen.
> O dr. Nulsen disse posteriormente que transmitiu as informações sobre os testes ao dr. Pogge "por telefone, ou talvez tenhamos almoçado juntos ou talvez quando jogamos golfe"...
> Essa informação foi mais tarde colhida em um artigo publicado sob o nome do dr. Nulsen no número de junho de 1961 do *American Journal of Obstetrics and Ginecology*, intitulado "Teste da talidomida na insônia associada com o terceiro trimestre". Essa publicação um tanto minuciosa trazia como conclusão: "A talidomida é um seguro e eficiente agente de indução ao sono, que parece satisfazer às exigências ressaltadas neste artigo para que uma droga seja usada satisfatoriamente nas fases avançadas da gravidez".

Spangenberg: "Quem escreveu o artigo, dr. Nulsen?"
Respondeu o dr. Nulsen: "O dr. Pogge. Eu lhe forneci todas as informações".

Em outro momento, perguntou o advogado, ... "seu artigo cita cerca de meia dúzia de revistas alemãs e de textos alemães. [O dr. Nulsen não lia alemão] Você alguma vez leu esses artigos?".

Nulsen: "Não. Aquilo foi passado para mim".

Spangenberg: "Você também cita Mandarino, outro médico, e põe em nota de pé-de-página a citação. Diz a nota de pé-de-página: *Em curso de publicação*. Você alguma vez viu esse artigo?".

Nulsen: "Não me lembro de tê-lo visto".[3]

Acontece que, de fato, a talidomida é segura no terceiro trimestre da gravidez. Mas desgraçadamente a qualidade da pesquisa aqui citada era na época típica do trabalho da Chemie Grünenthal e de suas empresas associadas.

Henning Sjöström e Robert Nilsson, que participaram ativamente do processo legal referente à talidomida, citam outro caso em seu livro devastador:

> No início de 1961, a empresa de Stolberg [Chemie Grünenthal] teve conhecimento de um tal dr. Davin Chan, de Cingapura, que usara a talidomida com êxito para o tratamento de mulheres grávidas. Não eram dados detalhes sobre a fase da gravidez tratada, a dose usada ou a frequência da terapia. Por fim, e o que é mais significativo, o breve relatório dizia respeito apenas ao efeito sobre as próprias mulheres grávidas, e não fazia menção a nenhum efeito possível sobre os fetos. Essa ausência de qualquer pormenor específico não impediu o dr. Werner [um diretor do departamento médico-científico da Grünenthal] de distribuir uma carta circular aos "colaboradores no mundo inteiro" dizendo que "em uma clínica particular de Cingapura, o Softenon [talidomida] foi ministrado a mulheres grávidas que toleraram bem o medicamento".[4]

---

[3] SJÖSTRÖM, H.; NILSSON, R. *Thalidomide*, p.124-5.
[4] Ibidem, p.96-7.

Em 1958, o dr. Augustin P. Blasiu publicou em Munique um artigo na revista *Medizinische Klinik* em que dizia que "não foram observados efeitos colaterais nem nas mães nem nos bebês". Ministrara talidomida a 370 pacientes, mas apenas a mães que amamentavam. A Chemie Grünenthal enviou uma carta a 40.245 médicos citando o trabalho de Blasiu e descrevendo a talidomida como uma droga" que não prejudica nem a mãe nem a criança".[5]

Em 1959, começaram a surgir notícias acerca de um problema neurológico severo, neurite, causado pela talidomida. Eles foram firmemente negados, ofuscados e escondidos pelo pessoal da Grünenthal; e foram feitas numerosas tentativas de abafar a pública divulgação desses sintomas. Coisas piores estavam ainda por vir.

Em 1960, médicos da Alemanha e da Austrália observaram uma impressionante incidência de uma estranha malformação em recém-nascidos. Era a focomelia, deformidade em que as mãos saem diretamente dos ombros, e os pés, dos quadris, como as nadadeiras da foca (daí o nome da síndrome: do grego *phoke* = foca, *melos* = membro). A anomalia era suficientemente rara até então (incidência estimada: um caso em 4 milhões de nascimentos) que a maioria dos médicos nunca havia visto sequer um único caso dela.

Não eram os únicos sintomas. Para citar um estudo canadense da maternidade das crianças afetadas pela talidomida:

> A deficiência dos membros, embora a anomalia mais comum e mais impressionante, constituía só um dos elementos da síndrome, entre numerosas outras deformidades. Os principais defeitos externos eram o coloboma (um defeito em um ou ambos os olhos), microtia (pequenez do ouvido externo) associada com paralisia facial parcial, dorso do nariz abreviado e hemangioma (tumor) na testa, na face ou no nariz. Os defeitos internos encontravam-se no sistema cardiovascular, no sistema urogenital e no trato intestinal; havia também lobulações anormais do fígado e dos pulmões, quadris deslocados, sindactilia (fusão de dedos),

---

[5] KNIGHTLEY et al. *Suffer the Children*, p.47.

rim em ferradura, útero bicorno, atresia (fechamento de um canal normalmente aberto no corpo) e ausência da vesícula biliar.[6]

Goya, esse presciente explorador do lado tenebroso de nosso mundo, desenhou um caso "natural" de focomelia, mostrado na Ilustração 27.3.[7]

27.3 Desenho de Goya a nanquim e aguada, *Mãe a mostrar o filho deformado a duas mulheres*. Da coleção do Louvre, reproduzido com permissão.

---

[6] ROSKIES, E. *Abnonnality and Normality: The Mothering of Thalidomide Children*. Ithaca, N.Y.: Cornell University Press, 1972, p.2.
[7] *Mãe a mostrar seu filho deformado para duas mulheres* de Francisco Goya, em *The Black Border Album* (1803-1812), n. 23; em GASSIER, P. *Francisco Goya: The Complete Albums*. Nova York: Praeger, 1973, p.182.

Cerca de 8 mil crianças nasceram vivas com focomelia ou com as anormalidades a ela relacionadas. A maior parte na Alemanha e na Inglaterra, mas houve casos relatados em cerca de vinte países. Só depois de as provas chegarem a um ponto que não admitia desculpas ou refutações e após exposição na imprensa a Chemie Grünenthal retirou a droga do mercado alemão, em novembro de 1961. As diversas empresas farmacêuticas espalhadas pelo mundo inteiro que licenciaram a droga a acompanharam, de modo inescrupulosamente lento.[8]

Causou a talidomida as terríveis anormalidades observadas? Testes em animais feitos *depois* do desastre mostraram claramente a natureza teratogênica (que provoca malformações) da droga. Assim, testes em macacos feitos na Pfizer mostraram que *todos* os embriões eram deformados quando a mãe recebia talidomida em certo período inicial da gravidez.[9]

Querem outro tipo de prova? Examinem a Ilustração 27.4,[10] que mostra a incidência de mal formações de nascença de tipo talidomida na Alemanha e as vendas de talidomida, ambas "normalizadas" para o mesmo valor do ponto mais alto.

Agora devemos enfrentar algumas das óbvias questões levantadas por essa história terrível.

1.

É a talidomida um desastre *químico*? Parece haver só um químico na história, Wilhelm Kunz. De modo significativo, não foi um dos

---

[8] Ver SJÖSTRÖM, H.; NILSSON, R. *Thalidomide*; KNIGHTLEY et al. *Suffer the Children*; e TEFF, H.; MUNRO, C. *Thalidomide: The Legal Aftermath*. Westmead: Saxon House, 1976. A talidomida é hoje usada em alguns países, no tratamento da lepra (hanseníase). Apesar das precauções, isso levou a uma nova onda de malformações fetais no Brasil: "Talidomida é distribuída sem bula em BF", *O Estado de S. Paulo*, 5 de maio de 1994, p.3; "Descobertas mais 24 vítimas da talidomida", ibidem, 20 de maio de 1994, p.A13.

[9] SJÖSTRÖM, H.; NILSSON, R. *Thalidomide*, p.176. O nome da firma farmacêutica é grafado nesse livro como "Chaz-Pfeizer".

[10] LENZ, W. em ROBSON J. M.; SULLIVAN; F. M. SMITH, R. L. (Eds.). *Symposium on Embryopathic Activity of Drugs*. London: J. and A. Churchill, 1965.

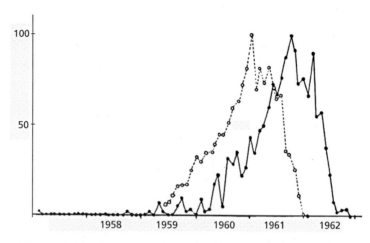

27.4 Incidência de malformações de tipo talidomida (linha sólida, normalizada para 100 em outubro de 1961) e as vendas de talidomida (pontilhado, normalizado para 100 em janeiro de 1961). Reproduzido com permissão da Churchill-Livingston Ltd.

réus no processo legal, fútil afinal (1969-70), instaurado contra a Grünenthal na Alemanha, um processo viciado por um acordo de compensação entre a empresa e os pais das "crianças da talidomida". Dos sete réus no caso, cinco eram médicos. A manobra de ocultação da empresa perante o público foi dirigida principalmente por médicos — e pelos proprietários e pela direção das empresas envolvidas. Então por que jogar a culpa na química?

Acho que há duas razões para a química participar da culpa. A talidomida é um produto químico. Os químicos gostam de fustigar o público pela ignorância da distinção entre o natural e o inatural. Têm, sem dúvida, razão em fazê-lo. Mas uma vez ensinada ao público a natureza química de toda matéria e que o natural às vezes nos pode prejudicar, não devemos tentar esconder que o sintético também nos pode, às vezes, prejudicar. Esse produto químico realmente prejudicou.

O público do mundo inteiro dispõe hoje de uma série de "desastres químicos" para escolher. Houve a catástrofe de Bhopal, na Índia (e haverá outra). Carros-tanque de benzeno e clorina descarrilharam. Há o DDT; há os clorofluorocarbonetos. Houve envenenamentos por mercúrio no Japão, como há atualmente no Brasil. Eu poderia ter examinado qualquer um deles. Em cada caso se poderia alegar uma desculpa – isso ou aquilo não é química. Ou mesmo um papel positivo da química; quem a não ser os químicos F. Sherwood Rowland e Mario J. Molina descobriu a ligação dos clorofluorocarbonetos com a redução do ozônio?

Em cada um dos casos, predominaram a economia e seu lado tenebroso, a ganância. Mas se os químicos recebem os créditos pelas contribuições à balança comercial positiva e pela droga antiúlcera Tagamet, devemos também estar dispostos a aceitar a culpa. Pelo menos parte dela. Nenhum químico da Grünenthal (ou de outra companhia) divulgou publicamente nenhuma dúvida sobre o comportamento da empresa quando as notícias dos efeitos nocivos começaram a chover. Ninguém disparou o alarme. Só o fizeram outros médicos e uma imprensa livre (e sensacionalista, sim).

Há outro curioso ponto de vista químico sobre a história da talidomida. A molécula tem um carbono com quatro diferentes substituintes ao seu redor. A talidomida é, pois, quiral; isto significa, como vimos, que há em formas quirais não idênticas. A reação que inicialmente a produziu deu quantidades iguais das formas à esquerda e à direita. E assim foi usada. Há indicações (contestadas) de que os dois enantiômeros são muito diferentes quanto à teratogenicidade. O caso é um tanto complicado pelo fato de o enantiômero "inócuo" transformar-se no "nocivo" sob condições fisiológicas.[11] O mundo nunca é simples...

São abundantes os casos claros de atividade biológica diferente de formas de imagem especular da mesma molécula. A d-penicilamina é usada no tratamento da doença de Wilson, da cistinúria e da artrite

---

[11] Ver DECAMP, W. H. "The FDA Perspective on the Development of Stereoisomers", *Chirality* 1, 1989:2-6, para um exame equilibrado. Um estudo anterior mostrava teratogenicidade igual em ambos os enantiômeros: FABRO, S. SMITH, R. L.; WILLIAMS R. T. "Toxicity and Teratogenicity of Optical Isomers of Thalidomide", *Nature* 215, 1967:296. Os resultados contrários que optei por ressaltar são de BLASCHKE, G.; KRAFT, H. P.; FICKENTSCHER, K.; KOHLER, F. "Chromatographische Racemattrennung von Thalidomid und teratogene Wirkung der Enantiomere", *Arzneimittelforschung* 29, 1979: 1640-42. Ver também WINTER, W.; FRANKUS, E. "Thalidomide Enantiomers", *Lancet* 339, n.8789, 1992:365.

reumatoide. O seu isômero óptico causa graves efeitos adversos.[12] O enantiômero de uma droga contra a tuberculose, etambutol, pode provocar cegueira. Os desastrosos efeitos colaterais associados ao analgésico benoxaprofen poderiam ter sido evitados se a droga tivesse sido vendida em sua forma não quiral. Esses casos levaram a pressões regulatórias que encorajaram o teste de produtos farmacêuticos como puros enantiômeros. Alguns químicos e algumas empresas farmacêuticas resistiram a isso, mas outras perceberam que há criatividade envolvida no planejamento de sínteses quirais. E lucro também.[13]

Os 25 medicamentos à venda sob receita mais vendidos nos Estados Unidos renderam 34,4 bilhões de dólares em 1993. Dessas vendas, 25% foram de moléculas que não são quirais, 11% foram comercializadas como um misto das duas imagens especulares, e 64% como um só enantiômero. A categoria das moléculas "de mão" (*handed*) vem crescendo à custa da mistura de enantiômeros; com o tempo, todas as drogas quirais serão vendidas em uma formulação única, "de mão".[14]

2.

Com certeza, isso (o comportamento da Grünenthal, Richardson Merrell Distillers, Astra, Dainippon e outras) é apenas má ciência, não é? Veja essas citações de médicos espanhóis, norte-americanos e chineses! Se a ciência (farmacologia, biologia, medicina, química) fosse bem-feita, ou pelo menos feita de modo simplesmente adequado, isso não teria acontecido.

---

[12] MCKEAN; LOCK; HOWARD-LOCK; "Chirality in Antirheumatic Drugs", p.1565-8.

[13] BROWNE, M. H., "Mirror-Image Chemistry Yielding New Products", *New York Times*, 3 de agosto de 1991, p.C1; STINSON, S. C. "Chiral Drugs", *Chemical and Engineering News*, 70, n.39, 28 de setembro de 1992:46-79; NUGENT W. A.; RAJANBABU, T V.; BURK, M. J. "Beyond Nature's Chiral Pool: Enatioselective Catalysis in Industry", *Science* 259, 22 de janeiro de 1993:479-83.

[14] Essas estatísticas são da Technology Catalysts International Corp., como citadas em STINSON, S. C., "Market, Environmental Pressures Spur Change in Fine Chemicals Industry", *Chemical and Engineering News* 72, n.20, 16 de maio de 1994:10-4.

De fato, o teste de teratogenicidade em animais para novas drogas era de rotina nas principais empresas farmacêuticas. Os Laboratórios Roche da Hoffmann-LaRoche publicaram um importante estudo referente ao sistema reprodutivo relacionado ao Librium em 1959. Os Laboratórios Wallace também o fizeram para o Miltown em 1954. Ambos os casos precederam a história da talidomida. A dra. Frances Kelsey, a médica da FDA que corajosamente resistiu à enorme pressão da Richardson-Merrel para aprovar a talidomida nos Estados Unidos, tinha boas razões para a sua relutância. Quando estudante, em 1943, ela demonstrou (com F. K. Oldham) que o feto do coelho não conseguia quebrar a quinina, ao passo que o coelho adulto o fazia com eficiência.

Creio que a resposta é dupla. Primeiro, sim, essa é uma ciência abismal. E enquanto a ciência como sistema de obtenção de conhecimento confiável funciona apesar de casos de experimentação de má qualidade — ela sobrevive com facilidade ao desleixo, à propaganda e até à fraude —, o tipo de ciência que toca vidas humanas não pode permitir-se ser mau. Não se deveria ter permitido que acontecesse o desastre da talidomida. Porém, nem uma única companhia farmacêutica (toda aquela competição no mercado dos sedativos!), nem um único indivíduo vociferou, seja antes, seja durante, enquanto milhares de adultos sofriam de neurite e crianças nasciam para uma vida menos do que plenamente humana.

O sistema falhou. A ciência e a medicina (a química, em parte) falharam. O remédio veio da legislação sobre o teste de drogas, que aos poucos foi introduzida em todo o mundo na década de 1960.

A segunda resposta é, a meu ver, sim, má ciência. Mas não é só má ciência. É uma falha insidiosa do sistema, pois tem intersecções com a banalidade do mal, para usar a famosa frase de Hannah Arendt. Nenhuma dessas pessoas — os médicos antiéticos que forneceram os resultados que a companhia queria, os vendedores em campo, os manipuladores e distorcedores de dados, como o dr. Mückter, os advogados, homens que ameaçaram processar os médicos que primeiro relataram os efeitos colaterais, os editores das revistas de medicina, que obstruíram a publicação porque uma companhia se opunha a ela nenhum deles era pura e simplesmente mau. Estou certo de que eram homens bons, mas falhos (talvez até alguma mulher aqui ou ali), que, cada um a seu jeito, ouviram e viram alguma coisa, mas na zona cinzenta entre duvidar (como deveriam ter feito) da política da companhia ou obedecê-la, nesse nem aqui nem ali moral, nessa terra nem preta nem branca, escolheram apenas um pouco aqui, apenas um pouco de branco. Passaram então uma mensagem selecionada, levemente distorcida, aos seres humanos de fraqueza moral semelhante, que massagearam os dados só um pouquinho mais, ignoraram o que não queriam ver, se recusaram a ler esse memorando do arquivo com más notícias, atribuíram essa reação à histeria.

3.

O resultado foi, portanto, ruim. A legislação, então, curou o problema — mas agora não exageramos? A criatividade do *designer* de medicamentos é sufocada; custa 100 milhões de dólares lançar um medicamento no mercado, só por causa de todos esses testes obrigatórios de segurança e eficácia. O resultado líquido, assim prossegue o argumento, é que impedimos a chegada de mais medicamentos ao mercado e com isso deixamos de salvar a vida de muita gente.

Quando ouço esse argumento, sinto-me tentado a fazer o que não quero e mostrar o retrato de uma criança vítima da talidomida. Não é uma questão de quantas vidas podem ter sido perdidas porque as regras mais rigorosas inibem novos medicamentos, mas sim de quantas vidas foram salvas porque as regulamentações impediram mais desastres como o da talidomida.

Se houver um cálculo de riscos e benefícios, o peso que se aplica a um único nascimento com focomelia induzida por droga é (para mim) tão grande que supera qualquer vida ou centenas de vidas salvas. É inimaginável a angústia das 8 mil crianças da talidomida e de seus pais. Nada no mundo pode justificar isso. Isso não deve acontecer de novo!

O tema do mesmo e não mesmo aparece com muita clareza na história da talidomida. Os fabricantes e vendedores da droga optaram por verem sua semelhança com outros sedativos e tranquilizantes. Preferiram não ver a eficácia e a toxicidade possivelmente diferentes das formas de imagem especular da molécula.

Primo Levi, em sua maravilhosa narrativa autobiográfica, *A tabela periódica*, conta a história de uma explosão que lhe ocorreu ao fazer pesquisa na Universidade de Turim. Precisava de sódio para secar um solvente orgânico, mas usou potássio em seu lugar, outro metal alcalino, logo abaixo do sódio na tabela periódica. Escreve ele o que essa experiência significou:

> Pensei numa outra moral... e creio que cada químico militante pode confirmá-la: que devemos desconfiar do quase o mesmo (sódio é quase o mesmo que potássio, mas com o sódio nada teria acontecido), do praticamente idêntico, do aproximado, do mais ou menos, todos eles substitutos, e todos eles colchas de retalhos. As diferenças talvez sejam pequenas, mas podem levar a consequências radicalmente diferentes, como um entroncamento ferroviário; em boa medida, o ofício do químico consiste em estar atento a essas diferenças, em saber considerá-las de perto e prever seus efeitos. E não só o ofício do químico.[15]

---

[15] LEVI. P. *The Periodic Table*, trad. inglesa de Raymond Rosenthal. Nova York: Schocken, 1984, p.60.

28. A Responsabilidade Social dos Cientistas

Não há moléculas ruins, só seres humanos negligentes ou maus. A talidomida mostra-se o mais nociva possível no primeiro trimestre da gravidez. Mas tem havido indícios persistentes de sua utilidade no tratamento da infecção associada à lepra. E há estudos recentes segundo os quais a talidomida pode inibir a replicação do HIV-1 (o vírus que causa a Aids).[1] O óxido nítrico, NO, é um poluente do ar, mas também um neurotransmissor absolutamente natural. O ozônio desempenha uma função essencial (para nós) na estratosfera, pois uma fina camada dele absorve boa parte da nociva radiação solar ultravioleta. No nível do mar, a mesmíssima molécula é um mau ator na névoa fotoquímica, a poluição atmosférica causada sobretudo pelo escapamento dos automóveis. O ozônio destrói os pneus dos automóveis (pequena vingança), a vida das plantas e nossos tecidos.

---

[1] MAKONKAWKEYOON, I. S.; LIMSON-POBRE, R. N. R.; MOREIRA, A. L.; SCHAUF, V.; KAPLAN, G. "Thalidomide Inhibits the Replication of Human Immunodeficiency Virus Tipe 1". *Proceedings of the national Academy of Sciences* (USA) 90, 1993:5974.

Moléculas são moléculas. Os químicos e os engenheiros fazem moléculas novas e transformam as velhas. Outros ainda na cadeia econômica as vendem, e todos nós as queremos e as usamos. Cada um de nós tem um papel no uso e no abuso dos produtos químicos. Eis o que vejo como nossa responsabilidade social de cientistas perante nossos companheiros seres humanos.

Vejo os cientistas como atores em uma tragédia clássica. Eles (nós) são (ou somos) obrigados pela natureza a criar. Não há como evitar a investigação do que está ao nosso redor. Não há como fechar os olhos à criação ou à descoberta. Se você não encontrar essa molécula, algum outro o fará. Ao mesmo tempo, creio que os cientistas têm responsabilidade absoluta de pensar sobre os usos de sua criação, e mesmo nos abusos perpetrados por outros. E devem fazer todo o possível para expor esses perigos e abusos ao público. Se não eu, então quem? Correndo o risco de perder seu meio de vida, de se humilhar, devem viver com as consequências de seus atos. É esse dever que os torna atores de uma tragédia e não heróis cômicos sobre um pedestal. É essa responsabilidade perante a humanidade que os torna humanos.

Quinta Parte

Como acontece exatamente?

29. Mecanismo

A primeira, primeva atividade dos químicos é responder à pergunta: que é você? Depois de saber *o que* você tem, quer então saber *como* aconteceu. Uma pergunta natural para os curiosos seres humanos seja na cena de um acidente, seja ao ver um grama de uma nova e estranha molécula.

O que é um mecanismo? É uma sequência de atos químicos elementares irredutivelmente simples, pelo qual uma molécula é transformada em outra. Em certo sentido, é como um programa de computador que descreva como A vai a B, ou uma receita que lhe diga como farinha, ovos, açúcar, manteiga e lascas de chocolate se transformam em *cookies*. É também uma história, de uma ação do passado, mas que pode ser repetida hoje. A própria palavra *mecanismo* assinala a adesão a uma filosofia analítica – supondo, como o faz, uma operação mecânica do universo, onde tudo o que acontece deve ser "explicado" por uma série de ações mecânicas nas quais nós, na simplicidade de nossas mentes, dividimos as contínuas operações da natureza.

Eis aqui o estudo de um mecanismo. No começo da década de 1960, Okabe e McNesby, no então National Bureau of Standards (atual

NIST, National Institute of Standards and Technologies — Instituto Nacional de Padrões e Tecnologias), observavam a maneira pela qual o etano se decompõe fotoquimicamente. Esse importante hidrocarboneto aparece no lado esquerdo da Ilustração 29.2. O símbolo (h𝜈) sobre a seta representa um fóton, a luz. Nesse caso, não é qualquer luz, mas radiação bem avançada na região ultravioleta do espectro. Sob a ação dessa luz energética, o etano dá etileno mais uma molécula de hidrogênio.[1]

O professor Butts entra em um poço de elevador vazio e quando chega ao fundo encontra uma simples máquina de espremer laranjas. O leiteiro pega uma garrafa vazia de leite (A), que puxa uma corda (B) que faz que uma espada (C) corte um cordão (D) e permita a lâmina da guilhotina (E) cair e cortar a corda (F) que solta o aríete (G). O aríete bate contra a porta aberta (H), fechando-a. A foice de grama (I) corta um pedaço da extremidade da laranja (J) – ao mesmo tempo o cravo (K) apunhala o "falcão da ameixa"

(L), que abre a boca para berrar em agonia, soltando assim a ameixa e permitindo que uma bota de mergulhador (M) caia e pise em um polvo adormecido (N). O polvo acorda irritado e, vendo a cara do mergulhador pintada na laranja, ataca-a e esmaga-a com os tentáculos, fazendo que todo o suco da laranja seja vertido no copo (O).

Mais tarde, você pode usar a tora para construir uma cabana de madeira onde pode criar seu filho para ser presidente, como Abraham Lincoln.

29.1 Um tipo de mecanismo, de Rube Goldberg. Goldberg desenhou uma série de invenções do professor Lucifer Gorgonzola Butts, A. K. Este é uma "Máquina de espremer suco de laranja". (Reimpresso com especial permissão do King Features Syndicate.) Goldberg estudou um pouco de química na Faculdade de Mineração da Universidade da Califórnia, Berkeley.

---

[1] OKABE, H.; MCNESBY, J. R. "Vacuum Ultraviolet Photolysis of Ethane: Molecular Detachment of Hydrogen", *Journal of Chemical Physics* 34, 1961:668-9.

A tarefa da análise é determinar que a substância obtida é etileno, e não etanol ou colesterol. Temos de fato etileno e hidrogênio, e nada mais. Agora queremos saber como essa reação realmente se dá.

O estudo dos mecanismos das reações químicas é um caso de manual para a aplicação do método científico. Temos uma observação. Formamos várias hipóteses alternativas que expliquem essa observação e tratamos de eliminar as hipóteses (por experiências ou por teoria, mas sobretudo por experiências), uma por uma, até ficarmos com uma só, que deve estar certa.

29.2 A fotólise do etano produz moléculas de etileno e hidrogênio.

A primeira etapa desse protocolo é compilar a lista das hipóteses possíveis que explicariam essa observação. Embora não espere que alguém que não seja químico enumere muitas dessas possibilidades, prevejo que um químico profissional registre duas ou três. Há uma hipótese mecanicista que eu *esperaria* que todos registrassem, sem conhecer absolutamente nada acerca de reações químicas. É a hipótese do "bote repentino" ou do "passe de mágica", que atribui à natureza a fraqueza de nossa mente, supondo que faça tudo de uma vez só. Isso às vezes recebe um nome honrado na química orgânica, o de "reação concertada".

A Ilustração 29.3 mostra esse mecanismo como o primeiro entre muitos. Uma vez que há dois carbonos no etano com hidrogênios próximos uns aos outros, por que não afastar os dois juntos, para produzir em uma única etapa etileno mais hidrogênio? É uma possibilidade. A segunda e terceira possibilidades, esotéricas para o não químico, decorrem de muita experiência anterior com a química. Os dois hidrogênios poderiam ser afastados do mesmo carbono para dar H_2, a molécula de hidrogênio, deixando o fragmento C_2H_4 com o número certo de átomos, mas não conectados corretamente. Um

Mecanismos hipotéticos

$$(1)\quad H-\underset{\underset{H}{|}}{\overset{\overset{H}{|}}{C}}-\underset{\underset{H}{|}}{\overset{\overset{H}{|}}{C}}-H \xrightarrow{h\nu} \underset{H}{\overset{H}{>}}C=C\underset{H}{\overset{H}{<}} + H-H$$

$$(2)\quad H-\underset{\underset{H}{|}}{\overset{\overset{H}{|}}{C}}-\underset{\underset{H}{|}}{\overset{\overset{H}{|}}{C}}-H \xrightarrow{h\nu} H-\underset{\underset{H}{|}}{\overset{\overset{H}{|}}{C}}-\overset{\bullet}{\underset{H}{C}} + H-H$$

$$H-\underset{\underset{H}{|}}{\overset{\overset{H}{|}}{C}}-\overset{\bullet}{\underset{H}{C}} \longrightarrow \underset{H}{\overset{H}{>}}C=C\underset{H}{\overset{H}{<}}$$

$$(3)\quad H-\underset{\underset{H}{|}}{\overset{\overset{H}{|}}{C}}-\underset{\underset{H}{|}}{\overset{\overset{H}{|}}{C}}-H \xrightarrow{h\nu} H-\underset{\underset{H}{|}}{\overset{\overset{H}{|}}{C}}-\overset{\bullet}{\underset{H}{C}} + H\bullet$$

$$H\bullet + H-\underset{\underset{H}{|}}{\overset{\overset{H}{|}}{C}}-\underset{\underset{H}{|}}{\overset{\overset{H}{|}}{C}}-H \longrightarrow H-H + H-\underset{\underset{H}{|}}{\overset{\overset{H}{|}}{C}}-\overset{\bullet}{\underset{H}{C}}$$

29.3 Três mecanismos para a fotólise do etano.

dos carbonos tem três hidrogênios, o outro tem um hidrogênio preso a ele! Assim, teríamos de postular, para completarmos esse mecanismo, uma rápida etapa pela qual um hidrogênio passa de um carbono para o outro (e há precedentes para tanto), produzindo a molécula de etileno.

O terceiro mecanismo é chamado reação em cadeia. Sabemos que a luz ou o calor ou outras formas de energia rompem ligações, normalmente uma de cada vez, nas moléculas. Assim, o químico pode postular que a luz romperia uma ligação carbono-hidrogênio, para dar um átomo de hidrogênio e o restante, que é chamado "radical etil", C_2H_5.

Agora temos de entrar na vida de uma molécula. Essas coisinhas minúsculas têm uma fração de uma fração de uma fração de milímetro. Em qualquer frasco há 10^{20} delas, centenas de bilhões de bilhões, flutuando e pulando loucamente, colidindo constantemente umas com as outras. O hidrogênio expelido pela luz não fica parado. É impelido pela energia que o libera e pelas colisões com os vizinhos a voar para uma das outras 10^{20} moléculas de etano que voam/flutuam ao seu redor. Segue-se uma colisão. Uma das coisas que aprendemos que os átomos de hidrogênio fazem facilmente é abstraírem ou retirarem átomos de outras moléculas. Assim, podemos imaginar o hidrogênio inicialmente liberado durante essa colisão a retirar outro átomo de hidrogênio da molécula vizinha, para formar o produto molécula de H_2. Ainda não temos o produto etileno, mas por uma sequência de passos subsequentes (que não esboçamos aqui), pode-se realmente obter o C_2H_4.

Depois, seguem pela ordem as experiências para eliminar, um por um, os mecanismos. O estudo dos mecanismos nos últimos cinquenta anos foi muito facilitado pela boa disponibilidade de isótopos. Recordemos do Capítulo 8 que os isótopos são modificações de um elemento, que são diferentes o bastante para podermos dizer que existem, mas não diferentes o bastante para serem relevantes (isto é, influenciarem a reação), em uma primeira aproximação. São os derradeiros espiões...

Os traçadores isotópicos úteis na sondagem dos mecanismos da reação de etano eram os do hidrogênio, em especial o deutério, ou hidrogênio "pesado". Okabe e McNesby pegaram uma mistura de etano normal (C_2H_6) e um etano em que todos os hidrogênios foram substituídos por deutério (C_2D_6). Onde conseguiram o composto "deuterado"? Compraram-no e, de volta ao laboratório da Merck, ele foi sintetizado. Qual foi a primeira coisa que fizeram quando receberam um frasco ou uma ampola lacrada do fornecedor? Provavelmente o analisaram. Nesse ramo, ninguém confia em ninguém. Alguém pode ter-se enganado, ter posto cinco deutérios em vez de seis.

Podemos ver aqui como o estudo dos mecanismos está intimamente ligado à síntese, e à análise.

Os pesquisadores do National Bureau of Standards, pois, pegaram essa mistura de C_2H_6 e C_2D_6 e a fotilisaram. Rastreemos as expectativas dos vários mecanismos. (Consultem a Ilustração 29.3, mais atrás.) O mecanismo (1) daria H_2 se a luz fosse absorvida pelo C_2H_6, e D_2 se a luz atingisse C_2D_6. Ambos são igualmente prováveis. Não se produziria nenhum HD. O mecanismo (2) daria H_2 de C_2H_6, D_2

de C_2D_6 e absolutamente nenhum HD. H_2, D_2 e HD são as três formas possíveis da molécula de hidrogênio. Elas têm pesos diferentes: HD tem uma massa uma vez e meia a do H_2, ao passo que D_2 é duas vezes mais pesado do que H_2. Com um espectrômetro de massa, uma ferramenta barata descrita brevemente no Capítulo 3, eles são distinguidos uns dos outros com facilidade.

O mecanismo (3) é diferente. Suponhamos que a luz seja absorvida por um etano com hidrogênios normais, e expulse um átomo de hidrogênio. Esse átomo de hidrogênio, uma vez formado, caminha (muito rapidamente) até qualquer uma das bilhões de bilhões de outras moléculas de etano. Poderia igualmente atingir C_2H_6 ou C_2D_6 e não saberia a diferença. Do primeiro poderia extrair um hidrogênio para dar H_2, mas de C_2D_6 o átomo de hidrogênio extrairia um deutério, para dar HD. Repita o processo em sua mente, começando com um átomo D sendo expelido de C_2D_6. Pode-se ver que a formação HD aconteceria estatisticamente com maior frequência do que as formações H_2 ou D_2.

O resultado experimental obtido por Okabe e McNesby (Ilustração 29.4) foi inequívoco. Na fotólise de uma mistura de C_2H_6 e C_2D_6 houve uma preponderância de H_2 e D_2, e muito pouco HD. O mecanismo (3) foi eliminado; ele predizia muito HD.

Experiências

A) mistura de   H—C(H)(H)—C(H)(H)—H   e   D—C(D)(D)—C(D)(D)—D

produz principalmente H_2 e D_2, somente um pequeno HD

B) fotólise de   H—C(H)(H)—C(D)(D)—D   produz principalmente H_2 e D_2 pequeno HD

29.4 Duas experiências para elucidar o mecanismo da fotólise do etano.

Próxima experiência: Os pesquisadores, então, gastaram um pouco mais de dinheiro para comprar uma molécula de que nem *todos* os hidrogênios haviam sido substituídos por deutério, mas exatamente *metade* deles (H_3CCD_3). Para H_3CCD_3, fotolisado, o mecanismo (1)

daria HD e apenas HD. O mecanismo (2) daria D_2 ou H_2, dependendo de se a luz "atingisse" o lado esquerdo ou direito da molécula. Nem a luz nem as moléculas se preocupam muito com a distinção direito/esquerdo. O resultado da experiência foi igualmente claro. Okabe e McNesby obtiveram sobretudo H_2 e D_2, e pouco HD. O mecanismo (1) é eliminado. E, portanto, fica provado o mecanismo (2).

Será mesmo? Chegamos agora aos mecanismos do método científico e ao papel da psicologia humana. Sem dúvida, o mecanismo (2) não está provado. Apenas falseamos ou refutamos hipóteses, eliminamos mecanismos — não os provamos. O que estou expondo aqui é uma visão moderna da filosofia da ciência, associada principalmente ao nome de Karl Popper.[2] Os popperianos diriam que podemos classificar as teorias de acordo com a facilidade com que podem ser falseadas; uma teoria que não pode ser falseada ou testada não é uma boa teoria. Poderia ser descartada.[3]

Permitam-me tornar a expor, em linguagem coloquial, o que se pode dizer do ponto de vista de Popper acerca da bela experiência de Okabe e McNesby: Registramos, na fraqueza de nossa mente, três e apenas três hipóteses sobre como o etano poderia fragmentar-se sob radiação ultravioleta. E com a força e a beleza de nossas mãos e nossa mente, concebemos experiências para eliminarmos duas dessas hipóteses. Isso absolutamente não prova a terceira hipótese. Pode haver uma quarta ou quinta hipótese que simplesmente não somos inteligentes o bastante para concebermos.

Ora, todos sabem disso. Eu sei, as pessoas que fizeram a experiência sabem. Mas eles são *pessoas* que estão fazendo experiências e interpretando-as. É da natureza das pessoas *não* quererem redigir conclusões insípidas nos artigos, como: "Refutei A e B. Espero que seja C, mas talvez seja alguma outra coisa". Não, as pessoas querem dizer: "Eu provei C". Os cientistas querem fazer algo de positivo.

---

[2] Ver, p. ex., POPPER, K. R. *Conjectures and Reflections*. Nova York: Basic Books, 1962, *Objective Knowledge: An Evolutionary Approach*. Oxford: Clarendon Press, 1972 e *The Logic of Scientific Discovery*. Nova York: Harper and Row, 1965.

[3] A respeito dos problemas com falsificações, ver WALPERT; L. *The Unnatural Nature of Science*, Cambridge: Harvard University Press, 1993, p.94-100.

30. A Síndrome de Salieri

Há mais. Passo agora da específica e magnificamente discutida bioquímica do etano a uma sequência de eventos hipotética mas provável. Um texto de pesquisa sobre mecanismos químicos é publicado em uma revista de circulação de 3 mil exemplares, vai para 2 mil bibliotecas em todo o mundo, cem pessoas leem o artigo, dez o leem com atenção. E entre esses dez está uma pessoa muito interessada e interessante, que passou a vida estudando reações desse tipo. Como é da natureza dos especialistas, formulou opiniões muito definidas a respeito do mecanismo dessas reações. E esses jovens, ao escreverem seu artigo, sequer mencionaram o trabalho desse cientista mais velho, sequer lhe dedicaram uma nota de rodapé! Podemos ter certeza de que o desprezado especialista em mecanismos químicos será o leitor mais atento do mundo desse artigo, e fará absolutamente tudo para tentar provar que as ideias dos autores está errada. Há algo de antiético nisso de tentar provar que outras pessoas estão erradas?

Não acho, de modo algum. Volto aqui a algumas afirmações sobre as motivações psicológicas, já mencionadas no Capítulo 18. A ciência é feita por seres humanos. Os seres humanos são motivados por um complexo de coisas — entre elas a curiosidade e a busca do conhecimento. Mas há também o poder, o reconhecimento, o dinheiro, o sexo e a beleza, as mesmas coisas que motivam outros criadores. Há algo de errado nisso? Os seres humanos são forçosamente falíveis, mas capazes de canalizar suas fraquezas para a criação. Não há nada de errado no fato de certas pessoas, pelas "razões erradas", pensarem que alguma experiência possa estar errada e sugerirem outros mecanismos. Enquanto houver dez dessas pessoas no mundo e um teste que confirme ou infirme uma experiência, não haverá problemas com o sistema da ciência; ele progredirá. Mas há algo em nós que acha errado fazer a coisa certa pela razão errada. Estou, na realidade, citando *Assassínio na catedral* de T. S. Eliot:

> A última tentação é a maior traição:
> Fazer o certo pela razão errada.*[1]

Por que achamos haver algo de errado nos imperativos psicológicos do cientista covardemente deixado de lado no pequeno cenário que imaginei? A razão é, segundo creio, que confundimos a busca do conhecimento por parte do cientista com a busca da verdade.

Acho que há um perigo potencial em substituir o conhecimento pela verdade. Classificando-nos como servos da verdade, colocamo-nos na companhia de pregadores e políticos. Deveríamos estar, a meu ver, com os artistas criativos. Primeiro, porque criamos, sim, este mundo. Segundo, porque o público tem menos ilusões sobre os artistas. Buscamos boa arte de bons artistas, mas não buscamos necessariamente melhor comportamento moral do que o do ser humano médio. Queremos que sejam morais e éticos, sem dúvida, mas sabemos que não são anjos. Por que deveríamos achar que os cientistas o são?

Lemos as revelações nos Estados Unidos sobre vários escândalos sexuais da parte de alguns de nossos pregadores evangélicos. Por

---

* The last temptation is the greatest treason: / To do the right deed for the wrong reason.
[1] ELIOT, T. S. *Murder in the Cathedral*, parte 1. Nova York: Harcourt Brace and World, 1963, p.44.

que temos esse interesse lascivo pela má conduta moral do clero? A razão é clara, naturalmente. Sabemos que o sacerdote é apenas humano mas mesmo assim confundimos o que ele prega com a sua personalidade. Se ele cai, parece que cai mais baixo.

De modo igual na ciência. Suspeito que o interesse pelos raros casos de fraude na ciência decorra de causas semelhantes, pois construímos nossa imagem, automaticamente, como sacerdotes da verdade.[2]

Permitam-me citar uma referência cultural, acho que hoje bem conhecida de todos — a peça *Amadeus* de Peter Shaffer — quer em sua produção teatral, quer na versão cinematográfica.[3] O tema vem de um poema de Pushkin, "Mozart e Salieri".[4] Lembremo-nos da história: Salieri não consegue entender. A certa altura, diz ele, de fato, "Como pôde Deus pôr essa música celestial num vaso tão grosseiro?". Gostaríamos de pensar que Mozart fosse angélico, mas na verdade o grande compositor teve uma vida pessoal e pública complicada.[5]

Na realidade, a maior parte do tempo estamos dispostos a aceitar que os artistas talvez não sejam pessoas especialmente boas. Às vezes até sucumbimos à falácia igualmente romântica de atribuir o impulso criativo dos artistas ao fato de caminharem nas bordas da sanidade mental.

---

[2] Uma perspectiva semelhante foi expressa por WOLPERT, L. "Science's Negative Public Image — A Puzzling and Dissatisfying Matter", *The Scientist*. 14 de junho de 1993:11. Ver também WOLPERT, L. *The Unnatural Nature of Science,* p.89

[3] SHAFFER, P. *Amadeus*. Nova York: Harper and Row, 1981.

[4] PUSHKIN, A. S. *Mozart and Salieri*, trad. inglesa de Antony Wood. Londres: Angel, 1982.

[5] Não é fácil separar o homem do mito. *The New Grave Mozart* de Stanley Sadie. Nova York: Norton, 1983 e *Mozart* de HILDESHEIMER, W. trad. inglesa de Marion Faber. Nova York: Farrar Straus Giroux, 1982 são duas excelentes biografias. STAFFORD, W. *The Mozart Myths*. Stanford, Calif.: Stanford University Press, 1991, diz: "Mozart não era um ser humano perfeito, se é que tal coisa é possível. Suas cartas provam que podia ser irascível, esnobe, inclemente e mentiroso" (p.140). É muito divertido o elemento escatológico das cartas de amor de Mozart à prima Maria Anna Thekla Mozart.

Agradeço a Neal Zaslaw apresentar-me essas referências.

Como aludi a Karl Popper, quero mencionar outro polo do discurso filosófico moderno acerca da ciência. Quando ressalto os motivos psicológicos humanos, não raro falíveis, aproximo-me da visão da ciência defendida por Paul Feyerabend. Feyerabend era um gênio filosófico polêmico que coerentemente deu ênfase ao fato de os cientistas serem feras psicológicas e políticas que farão de tudo para verem aceitas suas teorias ou suas experiências. Embora leia Feyerabend como inerentemente niilista, avesso à ciência, o que ele fez é intrigante. Mostrou em pormenor como os cientistas selecionaram os dados para provar suas próprias teorias. Aqui, os teóricos são particularmente suscetíveis (embora os experimentais tenham outras maneiras de se iludirem). *Contra o método* de Feyerabend é um bom antídoto contra as várias ideologias românticas sobre a maneira como é feita a ciência.[6] Creio que devemos reconhecer os estilos tanto de Feyerabend quanto de Popper em qualquer atividade científica.

---

[6] FEYERABEND, P. *Against Method: Outline of an Anarchist Theory of Knowledge.* Londres: Verso, 1978. *Contra o método*, publicado no Brasil pela Editora Unesp.

31. Estático/Dinâmico

Voltemos atrás para considerarmos com alguma minúcia o que aconteceu no frasco de reação típico. Ou na atmosfera, neste caso. No processo, surgirá outra polaridade inerente à química.

Deixamos uma garrafa de vinho de pé, e ele evapora. Roupas molhadas estendidas no varal secam-se. Assim sabemos que algo está acontecendo. As moléculas, naturais ou sintéticas, em que você veio a acreditar devem deixar o límpido estado líquido e juntar-se a seus companheiros de viagem no ar.

Vedemos agora o vinho (água mais álcool mais mil – pouco mais, pouco menos – ingredientes de sabor) em sua garrafa com rolha e proteção de chumbo. Sabemos que vinhos de certas safras podem durar um século e conseguir um altíssimo preço nos leilões. Com certeza, não acontece muita coisa na garrafa. Ah, o vinho modifica-se, pode deteriorar-se, pode formar-se um depósito. Mas enquanto repousa tranquilamente na adega do *château* parece que não pode haver um grande comércio molecular entre o líquido e o ar encurralado acima dele.

Mas há. Como com certeza o há no ilusoriamente calmo ar da sala tranquila, ou através da membrana de uma célula viva, ou mesmo dentro de um sólido. Em todos esses "sistemas", como os jargões científicos os chamariam, há movimento molecular não visível a olho nu — movimento fervilhante e rápido no gás, movimento muito mais lento no sólido. Trata-se de sistemas dinâmicos, só aparentemente estáticos. E essa tensão do apenas aparentemente inerte é central para a química.

A garrafa vedada em repouso na adega parece inerte por duas razões: as partículas em movimento são moléculas extremamente pequenas. Mesmo se fossem desaceleradas, são pequenas demais para serem vistas a olho nu ou mesmo num microscópio eletrônico. E seus movimentos velozes (como de fato o são) através da superfície comum ar-vinho são precisamente equilibrados na garrafa vedada tantas moléculas de água (ou álcool) do líquido pulam para a "fase" de gás por segundo quantas moléculas diferentes de água (álcool) retornam ao líquido. No total, parece que nada esteja ocorrendo. A pequenez dos atores e a natureza equilibrada de suas ações combinam-se para nos fazer pensar que tudo esteja calmo no fronte molecular.

É fácil acostumar-se com o equilíbrio — tantos entram quantos saem. Imaginem uma banheira cheia até certo nível. A tampa é de algum modo retirada, ou talvez nunca se tenha encaixado corretamente. O nível da água na banheira pode permanecer constante se a torneira estiver aberta no fluxo exatamente correto. A água dentro da banheira muda — é outra água — mas seu nível é o mesmo. Duas ações — água que entra, água que sai — estão em equilíbrio dinâmico. O exemplo parece implicar desperdício, e assim podemos alternativamente pensar na fonte de Milles, em que a água é reciclada. Outra analogia é o número de pessoas em uma loja de departamentos lotada, com hordas entrando e outras saindo.

Observe-se o contraste com o equilíbrio estático, o (momentaneamente) imóvel *scrum* em uma partida de rúgbi, a barreira formada pelos jogadores. Estes são estados tensos em e por si mesmos. O potencial para uma ruptura do equilíbrio, a catástrofe de forças desequilibradas, é muito fácil de se imaginar. Sem dúvida, o cenário da banheira também pode sugerir desastres cômicos — a tampa se encaixa, as torneiras não podem ser fechadas, não há "ladrão" para dar conta do transbordamento. Vá correndo pegar o rodo. Mas onde fica mesmo o registro geral? Este é um banheiro norte-americano, não europeu. Portanto não há ralo. Chamem o encanador! (E talvez um advogado!)

O equilíbrio dinâmico na química também pode ser abalado, às vezes em circunstâncias desastrosas (uma doença, uma explosão involuntária). O mais das vezes, como veremos, *queremos* perturbar o equilíbrio, com nossos próprios objetivos. Mas o equilíbrio químico dinâmico não é precário. É o estado estável, o fim natural. Tem até forças de restauração, que resistem à perda do equilíbrio. Elas lhe dão a aparência de algo vivo e nos dão a tentação de usar linguagem antropomórfica para descrevermos um equilíbrio natural e inanimado.

Como ficamos sabendo que as moléculas de um gás e de um líquido estão em rápido movimento? Observamos as partículas de poeira em um raio de solou o movimento caótico das partículas de fumaça. Partículas desse tamanho substancial estão movendo-se rapidamente, aleatoriamente. Poderíamos vê-las sendo fustigadas por colisões com as invisíveis moléculas do ar, que desde meados do século XIX sabemos serem oxigênio e nitrogênio, e extremamente pequenas.

31.1 Um *scrum* de rúgbi. (Foto de Robert E. Daemmerich, Tony Stone Images.)

Desenvolveu-se uma teoria sobre os movimentos dessas moléculas no ar, sujeita a algumas suposições centrais:

- as moléculas pontuais têm toda a sua massa concentrada num volume infinitesimal;
- elas se comunicam entre si e com as paredes do seu recipiente apenas por colisões;
- estas colisões são *elásticas*, termo técnico que descreve que em seus impactos só o momento é trocado, as moléculas não grudam umas às outras como massa de vidraceiro ou uma torta, mas colidem e pulam para fora como um rolamento de bolas de aço.

A teoria cinética dos gases, como é chamada essa obra-prima da física do século XIX,[1] dá-nos uma descrição das velocidades e das colisões das moléculas. Nesse nível de aproximação (as moléculas não são objetos pontuais, e podem grudar um pouco umas nas outras), a velocidade média aparece na teoria como uma função apenas da temperatura e da massa das moléculas. Eis aqui a fórmula da velocidade média $\bar{s}$:

$$\bar{s} = \sqrt{\frac{8kT}{\pi m}}$$

T é a temperatura em graus C acima do zero absoluto ($T = °C + 273,15$), m é a massa da molécula, k uma constante. As moléculas movem-se com rapidez; a Tabela 8.1, na página 205, enumera valores à temperatura ambiente e sob pressão atmosférica normal para uma molécula leve (H_2), uma molécula de peso médio (oxigênio do ar) e uma mais pesada (dialil-dissulfido, $CH_2CHCH_2SSCH_2CHCH_2$, um dos principais constituintes do bafo de alho).[2]

---

[1] Algumas das partes principais da teoria foram vistas muito antes por Daniel Bernoulli em seu tratado de 1738, *Hydrodinamica sive de viribus et motibus fluidorum commentarii*. Isto me foi lembrado por Edgar Heilbronner, um ex-*Basler*, como Bernoulli.

[2] A respeito de quase tudo o que você sempre quis saber sobre o alho e as cebolas, ver BLOCK, E. "The Organosulfur Chemistry of the Genus *Allium* –

31.2 Uma das delícias da vida, o pão de alho. Fotografado por Joe Coca, do livro *The Garlic Book*, de Susan Belsinger e Carolyn Dille. Loveland, Colorado; Interweave Press, 1993.

Implications for the Organic Chemistry of Sulfur", *Angewandte Chemie* 104, 1992:1158; *Angewandte Chimie (Int. Ed. Eng.)* 31, 1992:1135-78. Agradeço ao dr. Block as diversas discussões. Para se calcular a distância percorrida entre as colisões e o número médio de colisões, precisa-se de uma estimativa do tamanho efetivo da molécula — um *diâmetro de colisão*. Ele pode às vezes ser estimado partindo de uma experiência que mede a viscosidade da molécula (mas essa informação não está disponível para os componentes odoríficos do alho). Assim, nós (o dr. Block e eu) otimizamos teoricamente a geometria do dialil-dissulfido com o sistema de modelagem CAChe e, partindo desse resultado, estimamos um diâmetro aproximado de 8? para essa molécula.

Tabela 8.1
Algumas predições da teoria cinética dos gases
(25°, pressão de uma atmosfera)

Molécula	Velocidade média (metros por segundo)	Distância média percorrida entre colisões (metros)	Número médio de colisões por segundo
H_2	1.770	$1{,}24 \times 10^{-7}$	$1{,}43 \times 10^{10}$
O_2	444	$7{,}16 \times 10^{-8}$	$6{,}20 \times 10^{9}$
Dialil-dissulfido	208	$1{,}42 \times 10^{-8}$	$1{,}50 \times 10^{10}$

Note-se a enorme velocidade dessas moléculas; o oxigênio move-se perto da velocidade do som (o que não é acidental — a propagação do som depende do meio molecular). As moléculas não vão muito longe, porém, antes de colidirem entre si. A frequência de colisão e a distância entre as colisões (chamado *percurso médio livre*) dependem da pressão e da temperatura do gás. No espaço exterior, o percurso médio livre seria muito, muito maior ($\sim 10^9$ quilômetros nas nuvens difusas intergaláticas; observa um amigo meu que "os pobres rapazes se encontram só a cada cem anos").[3]

A distância média entre moléculas de O_2 em nossa atmosfera é de cerca de $3{,}5 \times 10^{-7}$ centímetros. Isto é cerca de dez vezes a dimensão linear da molécula. Um jeito de pensar nisso é que as moléculas, através de seus movimentos rápidos e colisões, abrem um espaço efetivo ao seu redor, substancialmente maior do que o espaço realmente ocupado por elas. O ar aparentemente tranquilo é uma estranha pista de dança.

É o que diz a teoria, mas sabemos se as moléculas se movem realmente a essas velocidades? Sim. Eis aqui uma engenhosa experiência de R. C. Miller e P. Kusch para investigar não só a velocidade média, mas também a distribuição das velocidades (ou seja, quantas moléculas se movem numa dada velocidade). Na Ilustração 31.3 vemos um

---

[3] HEILBRONNER, E. comunicação particular.

forno à esquerda, A. De um furo que há nele jorram muitas moléculas de um único tipo. Um feixe é selecionado por um pinhole, B. As moléculas, nesse ponto, estão voando através de um vácuo, tendo suas colisões umas com as outras terminado quando saíram do forno. Elas avançam para um entalhe talhado helicoidalmente em um tambor cilíndrico sólido, C. A velocidade de rotação do tambor pode variar. Há um detector, D, que mede o número de moléculas que saem da extremidade do entalhe helicoidal.[4]

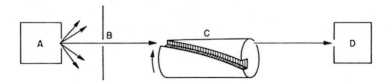

31.3 Um diagrama esquemático de uma experiência para medir a distribuição de velocidades num gás.

Notem a estrutura diabolicamente inteligente. Só as moléculas cuja velocidade corresponde precisamente à abertura de passagem à sua frente no tambor giratório são bem-sucedidas. As outras, lentas ou rápidas demais, apenas se chocam contra o lado da ranhura helicoidal. Com um pouco de álgebra podemos calcular a partir da "helicidade" do entalhe a velocidade das moléculas que passam por ele numa dada velocidade de rotação do tambor. Em seguida, muda-se a velocidade, permitindo que um grupo de velocidade diferente passe por ela.

O resultado da inteligente experiência de Miller e Kusch corresponde perfeitamente à predição teórica (derivada da teoria cinética dos gases do século XIX), que é chamada distribuição de Maxwell-Boltzmann. A Ilustração 31.4 mostra a distribuição de velocidades em um componente da atmosfera, o argônio, a duas temperaturas diferentes. Note-se que a velocidade média, próxima da velocidade com que a maioria das moléculas se move (o topo da curva),

---

[4] MILLER, R. C.; KUSCH, P. "Velocity Distributions in Potassium and Thalium Atomic Beams", *Physical Review* 99, 1955:1314-21. A experiência foi feita primeiro não com moléculas, mas com átomos de potássio e tálio.

é apenas uma entre muitas. Algumas moléculas movem-se devagar, outras com rapidez.

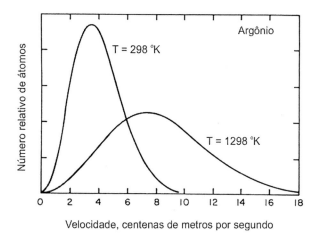

31.4 A distribuição de velocidades num gás, argônio, a duas temperaturas. Desenhado com base em D. F. EGGERS Jr.; N. W. GREGORY; G. D. HALSEY Jr.; B. S. RABINOVITCH, *Physical Chemistry*. Nova York: Wiley, 1964.

Uma experiência precisa ser reconciliada com o rapidíssimo movimento das moléculas. Imaginemos alguém que use um perfume forte entrando em uma sala. Ou um gambá atacado por um cão no jardim. Sabemos que os odores expelidos chegam até nós muito mais devagar, na escala de tempo de segundos, do que seria de esperar da velocidade do som ou do mais lento (mas ainda muito rápidos) movimentos da(s) molécula(s) de perfume ou do cheiro do gambá. Por que é assim? A razão está nessas colisões – no ar, as moléculas de perfume partem, sim, rapidamente na nossa direção, e sem dúvida é essa a intenção de quem usa o perfume. Mas antes que as moléculas cheguem a uma fração de centímetro na nossa direção, sofrem muitas colisões imprevistas com as moléculas de ar. O perfume chega, por fim, até nós, mas por um caminho aleatório e sinuoso muito mais lento, chamado *difusão*. Mas no espaço exterior pelo menos nessa ópera espacial de ficção científica, ah, lá as mensagens alcançariam seus destinos muito mais rapidamente...

32. O Equilíbrio e Sua Perturbação

Passemos desse rápido movimento de moléculas para a ideia de equilíbrio dinâmico. Você e eu precisamos de nitrogênio para nossas proteínas e ácidos nucleicos N_2 é 78% do ar que respiramos, mas nós, esse suposto pináculo da evolução, não sabemos como processar N_2 bioquimicamente. Retiramos nosso nitrogênio das plantas, que por sua vez o absorvem do solo sob a forma de nitrato (NO_3^-) e amoníaco (NH_3). Mas as plantas também não sabem como "fixar" o nitrogênio da atmosfera. Sabem-no algumas bactérias, simbióticas com as raízes das plantas leguminosas. As fontes de nitrogênio das plantas são: 1) em pequena medida, nitratos presentes no solo, 2) nitrogênio fixado pelo N_2 reagente à luz com O_2 para finalmente dar NO_3^-, 3) o nitrogênio fixado por bactérias, 4) esterco e 5) fertilizantes sintéticos. Os fertilizantes artificiais (com as máquinas modernas, os métodos agrícolas, a seleção de mudas e os pesticidas) são responsáveis pelo bom êxito da agricultura moderna.

Esse é o pano de fundo para se escrever uma equação química, para se fazer amoníaco.

$$N_2 + 3H_2 \rightarrow 2NH_3$$

Reconheceu-se no começo do século XX que se precisava de um suprimento estável de nitrogênio "fixo", e que o amoníaco o forneceria. A equação anteriormente escrita parecia a maneira óbvia para se fazer isso; o N_2 da atmosfera aí está, de graça, o gás hidrogênio é fácil de se fazer. Se tomarmos N_2 e H_2 e os aquecermos, teremos um pouco de amoníaco. Mas não muito.

Um cientista alemão considerou este problema e o resolveu no período entre 1905 e 1910. A solução envolve uma apreciação da natureza dinâmica do equilíbrio químico e ideias inteligentes sobre como perturbar esse equilíbrio.

Suponhamos que comecemos com N_2 e H_2 em um frasco, e eles reajam, formando NH_3. Como fazem isso? Não por ação à distância, mas em decorrência de colisões moleculares, talvez com a criação de um conjunto complicado de moléculas intermediárias, levando por fim ao NH_3. O rápido movimento das moléculas traduz-se, por uma colisão, na energia necessária para romper as ligações no N_2 e no H_2. Deve-se aquecer a mistura até essas ligações começarem a romper-se.

Suponhamos que a reação aconteça. Uma vez criada certa quantidade de amoníaco, ele não fica parado. As moléculas de amoníaco começam a colidir umas com as outras, e sua energia faz que sofram a reação inversa

$$2NH_3 \rightarrow N_2 + 3H_2$$

O químico resume a situação com setas nas duas direções:

$$N_2 + 3H_2 \rightleftharpoons 2NH_3$$

Finalmente, é alcançado o equilíbrio — o amoníaco é formado pela reação progressiva e decomposto pela reação regressiva. Nesse estado de equilíbrio dinâmico, os números de moléculas de NH_3, N_2 e H_2 *não* são iguais, mas estão em uma proporção fixa umas com as outras. Tudo parece estar absolutamente inerte — nada parece mover-se no

32.1 Aplicação de amônia em um campo (Farmland Industries, Inc.).

que se refere aos números. Mas por baixo, como vimos, há uma tremenda movimentação.

Mas o resultado é infeliz, pelo menos do ponto de vista do ser humano autossuficiente, que quer fazer amoníaco, mais amoníaco e nada mais que amoníaco. O sistema de equilíbrio químico dinâmico tem forças de restauração. Não há como parar a reação inversa de NH_3 para N_2 e H_2, por mais que o queiramos. Que podemos fazer, então?

O cientista alemão que examinou este problema sabia que tinha de definir a condição de equilíbrio, para *entendê-la*, antes de começar a perturbá-la. Podia ter tentado lances *ad hoc*, jogando no sistema qualquer catalisador que achasse na prateleira (isto às vezes dá certo, não há que negar as descobertas casuais). Mas não funcionou aqui, o entendimento funcionou.

Como, então, valer-se do equilíbrio, aparentemente inimigo de nós, antropocêntricos? O químico vislumbrou quatro estratégias:

1. Retirar o amoníaco à medida que ia sendo formado. O sistema de equilíbrio, suas forças de restauração em ação regenerariam mais amoníaco.

2. Mudar a temperatura à qual é executada a reação. A reação tal como escrita irradia calor. Baixando a temperatura absorveria, grosso modo, o calor, permitindo que mais da reação vá da esquerda para a direita. Falando mais tecnicamente, a proporção específica de NH_3 para N_2 e H_2 no equilíbrio é modificada por um decréscimo de temperatura, em favor do NH_3.
3. Mudar a pressão. Note-se que a reação passa de quatro moléculas (uma de N_2, três de H_2) para duas (de NH_3). Há uma redução líquida no número de moléculas. Uma vez que cada molécula ocupa aproximadamente o mesmo volume, o lado do produto (NH_3) tem um volume menor. Assim, se aumentarmos a pressão no frasco de reação, o sistema responderá a essa perturbação produzindo mais do lado que tem um volume menor (ou seja, mais NH_3).
4. Usar um catalisador para ajudar a romper as fortes ligações no N_2 e no H_2. Procurar catalisadores é uma operação empírica. O cientista alemão descobriu, depois de muitas experiências, que o ósmio ou o urânio eram catalisadores adequados.[1]

Estas estratégias, que se valem de nosso entendimento do equilíbrio como um processo dinâmico, foram enfim bem-sucedidas. A síntese industrial do amoníaco, um burro de carga da indústria química até hoje, é o processo Haber-Bosch.[2] Em 1993, nos Estados Unidos, 3,45 x 10^{10} libras de NH_3 eram assim fabricadas. O processo foi inventado por Fritz Haber, cuja vida, um caldeirão de polaridades, é o assunto do próximo capítulo.

---

[1] Para saber mais acerca do que faz as reações químicas acontecerem, ver ATKINS, P. W. *Atoms, Eletrons, and Change*. Nova York: Scientific American Library, 1991.
[2] Os catalisadores usados atualmente são um óxido de ferro com sílica, alumina e KOH.

Sexta Parte

Uma vida dedicada à química

33. Fritz Haber

O químico criativo é movido pelo problema à mão e pela curiosidade geral pelo mundo molecular. É sem dúvida necessário o apoio material da sociedade. Em troca desse apoio, o químico oferece suas energias para o avanço do conhecimento confiável, contribuindo de vez em quando com algo prático. Quem poderá censurá-lo por querer ser deixado em paz a maior parte do tempo? A matéria recalcitrante e bela já por si mesma apresenta uma boa dose de problemas.

Mas não é assim que acontece. O mundo conta com meios de invadir a vida acadêmica criativa, de engolir a pessoa. O químico gostaria que o mundo o deixasse em paz, mas ele tem como atingi-lo, seja no começo, no meio ou no fim da vida. Em nenhum caso de meu conhecimento isso foi mais verdade, ou se desenrolou com maior dramaticidade, do que na vida de um dos maiores químicos-físicos, Fritz Haber.[1]

---

[1] A biografia definitiva de Haber acabou de ser publicada em alemão: STOLTZENBERG, D. *Fritz Haber: Chemiker; Nobelpreisträger; Deutscher, Jude*. Weuinheim: VCH, 1994. Sou grato a Peter Gölitz por me apresentar uma

Haber nasceu na Silésia alemã, em 1868, filho de um próspero comerciante judeu-alemão. Cedo converteu-se ao cristianismo, uma tática razoavelmente típica dos judeus ascendentes assimilados da Europa na primeira parte do século XIX. Na época de Haber, a conversão não era necessária para alcançar uma alta posição no mundo acadêmico (por exemplo, Richard Willstätter, um dos maiores químicos orgânicos do século, não sentiu necessidade de se converter). Tampouco Albert Einstein. Haber sentiu. E embora se rodeasse de judeus e de pessoas de ascendência judaica durante toda a vida, vestiu uma máscara de convertido até quase o fim da vida.

Os primeiros anos de Haber foram marcados por brigas com o pai (sua mãe morreu poucos dias após seu nascimento). Curiosamente, uma dessas dificuldades envolvia uma diferença de opinião acerca do papel comercial das tintas sintéticas, a peça central da indústria química fina alemã, então em desenvolvimento.

Por mais que Haber se tenha ressentido da precoce exposição ao comércio, ela talvez tenha sido a origem de um talento único por ele demonstrado mais tarde para mesclar a ciência pura e a aplicada. Um de seus alunos, Karl Friedrich Bonhoeffer, escreveu mais tarde sobre Haber:

> Livre de toda estreiteza acadêmica, ele acalentou em seu trabalho o relacionamento recíproco íntimo entre a tecnologia e a ciência pura. Ele assim se tornou uma personalidade científica cuja preocupação inte-

---

parte dessa biografia antes da publicação. Há uma biografia anterior, de autoria de GORAN, M. *The Story of Fritz Haber.* Norman: University of Oklahoma Press, 1967, e um romance sobre sua vida de WILLE, H. H. *Der Januskopf.* Berlim: Buch Club 65, 1970. Há também um capítulo sobre Haber na autobiografia de WILLSTÄTTER, R. *From My Life.* Nova York: W.A. Benjamin, 1965. A obra científica de Haber é magnificamente analisada numa conferência comemorativa de J. E. Coates, impressa no *Journal of the Chemical Society,*1939:1645.

Uma análise muito perspicaz da vida desse grande químico, habilmente situada em sua época tumultuosa, é o capítulo de autoria de seu neto e grande estudioso da história europeia, Fritz Stern, em *Dreams and Delusions.* Nova York: Knopf, 1987, p.51-76.

lectual estava sempre dirigida para a preservação dos laços entre o progresso científico e a vida prática.²

Haber não teve um grande mentor. Nem tampouco começou a carreira científica com um sucesso estelar, uma grande síntese ou a descoberta de uma grande lei da natureza. Em vez disso, trabalhou muito sozinho, em diversos problemas de química orgânica e física. Durante toda a vida, Haber teve uma imensa capacidade de trabalho e de assimilação do novo. Fritz Stern, um atento observador da cena histórica e intelectual da Alemanha, fez a seguinte observação:

> Desde a infância, Haber viveu tempos historicamente dramáticos. Seus anos de formação coincidiram com o entusiasmo provocado pela unificação da Alemanha, essa façanha tardia que deu ao Reich seu fatal caráter militarista-autoritário que até mesmo Bismarck às vezes lamentava... Seria bobagem traçar um paralelo muito próximo entre o desenvolvimento da nação e o jovem Haber, mas os triunfos de ambos tiveram algo a ver com os sentimentos de inferioridade que tantos alemães quiseram exorcizar. Quantos alemães transpuseram seus sentimentos de descontentamento, de qualquer origem, para um trabalho ininterrupto!³

A maior façanha de Haber foi a síntese do amoníaco, por mim mencionada no capítulo anterior. Nasceu de um entendimento completo das condições do equilíbrio químico, e o interessante é que Haber era autodidata em química física. Seu bom êxito final muito deveu a uma determinação, a uma obstinação que é talvez exemplificada pela seguinte anedota, que, segundo Morris Goran, Haber contava de si mesmo:

> Um dia muito quente de verão, ele foi caminhar pelas montanhas suíças. Depois de um passeio de oito horas, à procura de água para be-

---

[2] BONHOEFFER, K. F. em *Chemiker Zeitung* 58, 1934. STERN, F. *Dreams and Delusions*, p.294, observa: "Foi um ato de coragem [em 1934] publicar um obituário sobre um químico judeu, um ato característico de Bonhoeffer e de toda a sua família, que se comportou tão heroicamente e sofreu tão cruelmente sob os nazistas".
[3] Ibidem, p.55-6.

ber, chegou a um lugarejo muito pequeno, aparentemente desabitado. Não conseguiu achar água, e estava com muita sede. Por fim, viu um poço rodeado por um murinho. Imediatamente mergulhou a cabeça inteira na água. Quase ao mesmo tempo e sem que ele o percebesse, um touro fizera o mesmo; nenhum dos dois prestara muita atenção no outro. Mas quando os dois tiraram a cara da água, descobriram que suas cabeças tinham sido trocadas. Fritz Haber ganhou uma cabeça de touro e prosperou como professor desde esse memorável dia.[4]

No começo da história do amoníaco há uma falha, e no meio há uma controvérsia científica, e as duas coisas só serviram de estímulo para Haber.

Muita gente trabalhou na síntese do amoníaco. Em 1904, dois empresários vienenses, os irmãos Margulies, abordaram Haber com a proposta de fabricar amoníaco partindo dos elementos. Haber e seus alunos tentaram vários metais, na esperança de converter o N_2 em um nitreto metálico, o qual então serviria para reagir com o H_2. Mas as temperaturas necessárias eram tão altas que pouco amoníaco se formava. O apoio financeiro dos patrocinadores secou; o projeto parecia perdido.

A falha exasperou-se. O pior estava por vir em um questionamento dos dados de Haber sobre o equilíbrio do amoníaco por Walter Nernst, o decano da termo dinâmica alemã. O ponto em questão era a proporção real de N_2, H_2 e NH_3 no equilíbrio. Nernst também trabalhara na síntese do amoníaco sob altas pressões. Seu entendimento teórico do que era necessário para conseguir uma síntese efetiva não era inferior ao de Haber. Mas Nernst obtivera um valor da "constante de equilíbrio" da reação

$$N_2 + 3H_2 \rightleftharpoons 2NH_3$$

que indicava que haveria menos amoníaco presente no equilíbrio do que Haber havia medido. Menos o bastante para que a síntese comercial se tornasse improvável.

---

[4] GORAN, M. *The Story of Fritz Haber*, p.23.

Haber e Nernst já se haviam chocado antes, e o fariam de novo. Neste caso, Haber tomou as experiências de Nernst, feitas sob altas pressões, como um desafio. Com Robert Le Rossignol, refez as experiências com grande cuidado e mostrou que Nernst estava errado.

E o que é mais importante, a controvérsia concentrou as energias de Haber no efeito da pressão. Lembremo-nos de que o lado do amoníaco no equilíbrio tem duas moléculas, não quatro, como no lado nitrogênio mais hidrogênio. Assim, um aumento de pressão favoreceria o lado de menor volume (menos moléculas). Esta é a maneira de fazer mais amoníaco – exceto que as pressões necessárias superam as usadas nos reatores químicos (vasos de vidro e metal) em uso na época.

33.1 Fotografia de Fritz Haber, cortesia da família Eisner. Hans Eisner foi um dos últimos alunos de Haber.

Haber e seus colaboradores, inclusive um habilidoso metalurgista, Friedrich Kirchenbauer, desenvolveram os recipientes e os métodos para se obter a alta pressão necessária, assim como os catalisadores de ósmio e o urânio (nada a ver com radioatividade) necessários para ajudar a fazer que a reação se desse em baixa temperatura.

Talvez nunca antes houvesse um processo laboratorial para um processo industrial sido desenvolvido tão completamente em um ambiente acadêmico. Haber teve sorte em seguida, pelo fato de o engenheiro que deu sequência ao processo na Basf, na época e agora uma das maiores empresas químicas do mundo, ser o talentoso e brilhante Carl Bosch. Bosch desenvolveu um catalisador menos caro e transformou a reação em uma síntese industrial eficiente. O processo Haber-Bosch, aperfeiçoado nos detalhes, está ainda em uso hoje na síntese da maior parte daquelas $3,45 \times 10^{10}$ libras de NH_3 (ver Capítulo 32).[5]

A meu ver, não há dúvida de que a façanha de Haber foi e é uma dádiva para a humanidade. O principal uso do amoníaco é como fertilizante (na verdade, esse é o uso principal da maior parte dos produtos químicos produzidos em grandes volumes no mundo). Este século foi testemunha de uma incrível explosão populacional. A agricultura moderna quimicamente intensiva conseguiu alimentar de modo adequado (em média, não sem fomes locais) todas essas bocas a mais. O rendimento de um bom acre americano de milho (150 alqueires) cresceu em um fator seis desde 1800. Pode-se justificar a agricultura "orgânica", mas acho que os fertilizantes sintéticos, e a invenção de Haber em especial, impediram a morte por inanição de centenas de milhões de seres humanos.

O processo Haber-Bosch entrou em cena na hora exata para a Alemanha. Com o início da Primeira Guerra Mundial, em 1914, foram cortadas as linhas de suprimento alemãs para as fontes sul-americanas de fertilizantes. E a maior parte das munições contém muito nitrogênio, desde o TNT (trinitrotolueno) até o nitrato de amônia (um fertilizante e um explosivo usado no atentado à bomba contra o

---

[5] Para informações adicionais acerca de Carl Bosch, ver KAUFFMAN, G. B. "Two High-Pressure Nobelists", *Today's Chemist* 3, n.4, 1990:20-1.

World Trade Center em 1993, em Nova York). Havia outras fontes industriais de compostos que continham nitrogênio – mas pode-se argumentar que a descoberta de Haber foi crucial. Um jeito de "fazer pão com ar" também se mostrou essencial na guerra.

Durante a guerra Haber concentrou a inteligência e o talento de seu instituto e suas energias pessoais no desenvolvimento de armas "químicas". (Ponho o adjetivo entre aspas para indicar o absurdo da diferenciação – como se a pólvora, os diversos metais e explosivos não fossem também eles químicos!) A Convenção de Haia proibira as "armas venenosas ou envenenadas". Havia alguma atividade limitada dos dois lados do conflito antes da guerra, mas, como diz L. F. Haber, que escreveu o estudo definitivo sobre a guerra química na Primeira Guerra Mundial (e era filho de Haber):

> O máximo que se pode dizer sobre gás e fumaça é que às vésperas da guerra a consciência militar acerca dos produtos químicos aumentara a ponto de alguns soldados estarem dispostos a considerá-las e um número muito pequeno deles, com uma visão mais inovadora, estava até fazendo experiências com vários compostos. As substâncias empregadas, com exceção do fosgênio, não eram tóxicas. Não havia estoques militares de gases, nem de granadas de gases, exceto no caso de suprimentos muito limitados de granadas e cartuchos lacrimogêneos em mão dos franceses. Os precursores eram curiosidades científicas, e os beligerantes de agosto de 1914 não tinham nenhuma ideia dos problemas práticos da guerra química.[6]

Eles formaram rapidamente essas ideias. A contribuição de Haber foi o conceito de nuvem de gás, sua escolha do cloro e outras substâncias químicas e sua persistente dedicação. O supremo comando alemão encontrou em Haber "uma mente brilhante e um organizador extremamente enérgico, determinado e possivelmente também inescrupuloso".[7] Ele deixou as decisões sobre a legalidade do uso de gases venenosos para o alto comando.

---

[6] HABER, L. F. *The Poisonous Cloud*. Oxford: Clarendon Press, 1986, p.21.
[7] Ibidem, p.27.

Eis aqui a descrição do primeiro ataque com gases em grande escala, em Ypres, na tarde de 22 de abril de 1915.

> Foi espetacular a abertura simultânea de quase 6.000 cilindros, que liberou 150 t de cloro ao longo de 7.000 m em cerca de 10 minutos. As linhas de frente estavam muitas vezes muito próximas, num dos pontos a apenas 50 m uma da outra. A nuvem avançou devagar, movendo-se a cerca de 0,5 m/s (pouco mais de 1 milha por hora). Inicialmente era branca, devido à condensação de umidade no ar circunstante e, quando o volume aumentou, tornou-se amarelo-esverdeada. O cloro rapidamente subiu a uma altura de 10-30 m, em razão da temperatura do solo, e embora a difusão diminuísse a efetividade, rarefazendo o gás, ela tornou mais forte o choque físico e psicológico. Em minutos, os soldados franco-argelinos do fronte e das linhas auxiliares foram tragados e começaram a sufocar. Aqueles que não sufocavam com os espasmos fugiram, mas o gás os perseguiu. A frente ruiu.[8]

Já haviam morrido homens de muitas maneiras nessa guerra, como nas outras guerras. Mas essa era uma maneira nova. Não era um jeito exclusivamente alemão de matar, pois a química era, afinal, simples, e havia homens inteligentes e indústria de ambos os lados. Cloro, fosgênio, gás de mostarda e cloropicrina foram amplamente usados também pelos adversários da Alemanha. E o gás não apenas mata. Um número muito maior de soldados ficou ferido, alguns gravemente; L. F. Haber estima que os mortos foram 6,6% de todas as vítimas.[9]

Os racionalizadores da guerra de gás, então e agora, perguntam: "Haverá alguma boa maneira de morrer? O que há de pior nos gases venenosos do que no *shrapnel*" A resposta deve ser procurada no testemunho dos feridos. Algo na psique, algo lá no fundo, que associa a vida à respiração, é perturbado. Eis aqui uma parte do poema de Wilfred Owen, "Dulce et Decorum Est":

---

[8] Ibidem, p.34.
[9] Ibidem, p.244.

Gás! Gás! Rápido, meninos! — Um êxtase desajeitado,
Pondo as máscaras canhestras bem a tempo;
Mas alguém ainda estava berrando e tropeçando,
E debatendo-se como um homem em fogo ou em matéria viscosa...
Indistinto, através das vidraças enevoadas e da espessa luz verde,
Como sob um verde mar, vi-o que se afogava.

Em todos os meus sonhos, ante meus olhos desamparados,
Ele mergulha em minha direção, derretendo, sufocando, afogando-se.

Se em sonhos asfixiantes você também pudesse caminhar
Atrás do vagão onde o jogamos,
E ver os olhos brancos a se contorcerem em seu rosto,
Seu rosto suspenso, como o de um diabo doente de pecados;
Se você pudesse ouvir, a cada solavanco, o sangue
Vir em gargarejos dos pulmões corrompidos pela espuma,
Obsceno como o câncer, amargo como o bolo alimentar
De feridas vis e incuráveis em línguas inocentes, —
Meu amigo, você não diria com tão alta satisfação
Às crianças sedentas de desesperada glória
A velha Mentira: Dulce et decorum est
Pro patria mori.[10]

O número de vítimas do gás entre todos os combatentes foi relativamente pequeno (de 3 a 3,5% de todas as vítimas, na ponderada estimativa de L. F. Haber).[11] O tempo — vento, chuva, calor — impediu então, e ainda o faz, o emprego tático efetivo de armas químicas na guerra. Mas a marca psicológica dessa arma é indelével.[12]

---

[10] OWEN, W "Dulce et Decorum Est", ALLISON, A. W. et al. (Orgs.). *The Norton Anthology of Poetry*, 3.ed., Nova York: Norton, 1983, p.1037.

[11] HABER, L. F. *The Poisonous Cloud*, p.242.

[12] Um ponto interessante levantado por Mary Reppy é que os químicos não parecem ter os mesmos profundos sentimentos de culpa ou de responsabilidade pelo desenvolvimento da guerra "química" que (alguns) físicos tiveram pela bomba atômica. Por quê? Reppy sugere três possibilidades: 1) as armas

33.2 Treinamento para a guerra química. (Fotografia de Jeffrey Zaruba, Tony Stone Images.)

Fico pensando se Haber, tão experiente em catálises, imaginou o gás venenoso (ou ele próprio) como um catalisador, destinado a apressar o fim do sangrento impasse da guerra de trincheiras. Isso acabaria não acontecendo. A Alemanha perdeu a guerra. E outra vítima foi a esposa de Haber, Clara, também ela uma química. Ela pediu ao marido que desistisse de trabalhar nas armas químicas. Ele se recusou. Não podemos saber a ligação causal, porém ela se suicidou.

Depois da guerra, a Alemanha foi sobrecarregada com uma tremenda dívida indenizatória de 33 bilhões de dólares, com boa parte a ser paga em ouro. Haber, o ganhador (em 1918) de um prêmio Nobel pela síntese do amoníaco e agora o chefe da química alemã,

---

químicas foram usadas antes (e portanto tivemos tempo de "esquecer"), 2) as armas químicas são nominalmente proibidas por lei e 3) o desenvolvimento de gases venenosos não se tornou "o momento de explosão/formação" para a química como o Projeto Mannhattan o foi para a física (REPPY, M. Comunicação particular).

voltou-se para a extração de ouro da água do mar. Ele calculou a dívida de guerra total como equivalente a 50 mil toneladas de ouro. Um químico australiano, Archibald Liversidge, havia estimado que os oceanos conteriam de 30 a 65 miligramas de ouro por tonelada de água do mar. Isso significa que há de 75 a 100 bilhões de toneladas de ouro nos oceanos. Só o Mar do Norte já bastaria para pagar a dívida alemã.

Haber fez uma série de experiências sobre "água do mar sintética", precipitando os íons de ouro com acetato de chumbo e sulfeto de amônia. Chegou à conclusão de que o ouro podia ser economicamente separado se sua abundância fosse de até 5 mg por tonelada de água do mar. Começou, então, a verificar as estimativas da literatura anterior acerca das concentrações de ouro, chegando a equipar secretamente um navio da Hamburg-American Line com um laboratório e uma usina de extração.

Haber agora estava no ramo da análise, que, como vimos, é uma arte e uma ciência. Eis aqui uma narrativa do que aconteceu:

> Aos poucos, porém, surgiram problemas. Haber cobriu amplas áreas do Atlântico, e as águas da Islândia e da Groenlândia, bem como o Mar do Norte. Descobriu que a presença de ouro variava consideravelmente de região para região – por exemplo, dez vezes mais ouro aparecia num dado volume de água do Atlântico Norte do que do Atlântico Sul. Tomando mais de 100 amostras de águas do litoral próximo dos campos de ouro da Califórnia, descobriu que até mesmo mudanças de maré faziam uma grande diferença nos resultados. Além disso, ficou claro que quando eram usados métodos satisfatórios para altas concentrações em águas com baixas concentrações, os resultados refletiam a presença de ouro nos reagentes e nos frascos usados... Por fim, Haber decidiu que Liversidge simplesmente estava errado; e discordou dele em dois pontos: o ouro em nenhum lugar passa de 0,001 mg/m^3; e ocorria com matéria suspensa, e não em solução.[13]

---

[13] MACLEOD, R. M. "Gold from the Sea: Archibald Liversidge, F.R.S., and the 'Chemical Prospectors': 1870-1970", *Ambix*, n.2, 1988:53-64.

Deparamos aqui com outra tensão característica da química – desconfiança e confiança. Haber acreditou nas análises anteriores de Liversidge, bem como nas de Edward Sonstadt, outro químico ativo na área. Nos artigos que escreveu mais tarde,

> Haber dividiu suas críticas entre Sonstadt, que sem dúvida foi enganado pela contaminação de reagentes e que num artigo publicado em 1892 parecia admiti-lo; e Liversidge, a quem censurava por razões técnicas. Liversidge empregara um método que exigia métodos de extração extremamente sensíveis. Infelizmente, nas palavras de Haber "diese Vertrautheit hat Liversidge nicht besessen". Liversidge simplesmente produzira resultados usando procedimentos insatisfatórios.[14]

O moderno alquimista estava decepcionado.

No início de 1933, Hitler e os nacional-socialistas chegaram ao poder, com sua bagagem de ideias antissemitas. Já em abril daquele ano, promulgaram um decreto que expurgava os judeus do serviço civil. O mundo de Haber ruiu; ele, que não era realmente um judeu, agora era judeu. Haber representara um polo da comunidade judaica alemã – não apenas completamente integrado à cultura alemã, mas extremamente patriótico. Albert Einstein representava outro polo – alemão, mas sempre desconfiado de seu país de origem. Haber, moralmente desanimado, foi esmagado por aqueles acontecimentos imprevistos. Descreve Fritz Stern a situação:

> A traição das elites, o silêncio dos colegas foram devastadores. Do exílio, Einstein escreveu a Haber uma carta cheia de compaixão por seu destino: "Posso imaginar seu conflito interior. É como ter de desistir de uma teoria em que se trabalhou a vida inteira. Não é a mesma coisa para mim, porque nunca acreditei minimamente nisso". A teoria era a fé na decência da Alemanha, num futuro em que judeus e cristãos pudessem viver e trabalhar juntos.[15]

---

[14] MACLEOD. "Gold from the Sea", p.59. A citação de Haber é de HABER, F. "Das Gold im Meerwasser", *Zeitschrift für Angewandte Chemie* 40, 1927:303-14.
[15] STERN, F. *Dreams and Delusions*, p.73. A citação de Einstein é de uma carta de Einstein a Haber, datada de 19 de maio de 1933. Einstein Papers, Boston.

Haber poderia ter permanecido em sua posição, pois a lei, por enquanto, excluía da exoneração os veteranos de guerra. Seria obrigado, porém, a demitir seus colaboradores judeus. Em vez disso, ele se demitiu. Eis aqui um trecho de sua carta de demissão de 30 de abril de 1933, ao ministro nazista da Ciência, Arte e Educação:

> Minha decisão de pedir minha aposentadoria decorre do contraste entre a tradição de pesquisa em que vivi até agora e as ideias diferentes que Você, senhor Ministro, e seu Ministério defendem como protagonistas do atual grande movimento nacional. Em meu ofício científico, minha tradição exige que na escolha de meus colaboradores leve em conta apenas as qualificações profissionais e pessoais dos candidatos, sem considerações de raça. Não há como você esperar de um homem no sexagésimo quinto ano de vida que altere um modo de pensar que o guiou em seus trinta e nove de vida universitária, e há de entender que o orgulho com que ele serviu a sua pátria alemã durante toda a vida agora dite este pedido de aposentadoria.[16]

O ministro disse que se livrara do judeu Haber. Agora caíam as máscaras: Haber escreveu a Einstein em agosto de 1933: "Em toda a minha vida, nunca fui tão judeu como agora".[17] Fritz Haber deixou a Alemanha com destino à Suíça, pensou em aceitar uma posição no país de seus ex-inimigos (Inglaterra), pensou em se estabelecer na Palestina. Era um homem arruinado; esse grande químico alemão morreu em 29 de janeiro de 1934, na Basileia, geograficamente próximo de sua terra natal, mas espiritualmente muito distante dela.

Menos de dez anos depois, outro produto da indústria química, outro gás, era usado no assassínio de milhões de pessoas do povo de Haber nos campos de extermínio.

---

[16] Trecho da carta de demissão de Haber, datada de 30 de abril de 1933, ao ministro nazista da Ciência, Arte e Educação (citada integralmente em WILLSTÄTTER, *From My Life*, p.289).

[17] STERN, F. *Dreams and Delusions*, p.74, citando uma carta do arquivo de Max Planck.

Sétima Parte

Aquela mágica

34. Catalisador!

Foi crucial para a bem-sucedida síntese do amoníaco feita por Haber a invenção de um catalisador para a reação. Diz Richard Zare, um químico perspicaz: "Se tivesse de escolher uma única palavra que mais sirva para caracterizar a química, escolheria a palavra *catalisador*". Nenhum outro campo tem um equivalente.[1]

Zare está certo. O catalisador − algo adicionado em pequenas quantidades à reação para acelerá-la, normalmente em muito; uma substância que é envolvida e, no entanto, é regenerada − está perto do coração da química. A catálise também toca dois temas humanos arquetípicos:

1. tornar fácil o que era considerado quase impossível, superando assim um obstáculo; e
2. o milagre da extinção e da regeneração, de Perséfone e da Ressurreição.

---

[1] ZARE, R. Stanford University. Comunicação particular.

Porque estes temas fazem parte de nosso inconsciente coletivo, o catalisador químico é para o não químico um objeto de fascínio e, no entanto, de algum modo fundamental, também é *compreensível*, algo a se apreender e identificar numa ciência por vezes abstrusa.

Dois exemplos ajudam a mostrar a generalidade da ideia: Em *As afinidades eletivas* de Goethe, essa novela única da química personificada (e de décadas antes de a palavra *catalisador* ser criada), há um estranho personagem de nome Mittler. Para ele, "o ponto central de sua vida era nunca entrar em uma casa em que não houvesse uma controvérsia a resolver ou dificuldades para solucionar".[2] É o que sugere seu nome alemão.

Quase duzentos anos depois, o estilista americano Halston decidiu lançar um novo perfume. Seus consultores "olfativos" e de marketing criaram "Catalisador!" e o lançaram com estardalhaço, com insinuação de muitas imagens eróticas, em várias páginas do *New York Times Magazine*. O redator da agência de propaganda deve ter feito um curso de química, pois escreveu no anúncio:

> o clima está mudando...
> perturba o equilíbrio...
> Catalisador.
> Para a mulher de hoje,
> que tem o poder de mudar
> amanhã.
> Feminina, romântica, um pouco
> demolidora – Catalisadora...[3]

As principais características da catálise são fáceis de se entender. Tomemos uma reação química típica:

$$\text{Reagentes} \quad\quad \text{Produtos}$$
$$A + B \quad \rightleftharpoons \quad C + D$$

---

[2] GOETHE, W. *Elective Affinities*, p.33-4.
[3] *New York Times Magazine*, 28 de novembro de 1993. A afirmação do anúncio é bem provocativa para os químicos, pois uma das coisas que um catalisador *não* faz é perturbar o equilíbrio. Ele muda as coisas, sem dúvida, acelerando a aproximação do equilíbrio.

Reconhecemos que todas as reações como esta são equilíbrios, ou seja, ocorrem em ambas as direções. Muitíssimas vezes, porém, para toda reação em que queremos *ir em frente*, ou assim parece, misturamos A e B e muito pouca coisa acontece. Os reagentes simplesmente ficam como estão. Em outras palavras, e mais precisamente, o equilíbrio não é estabelecido rapidamente. Vejamos por quê.

Os reagentes A e B são moléculas feitas de átomos ligados entre si de um modo especial. Os produtos C e D são moléculas diferentes, compostas dos mesmíssimos átomos. Para ir de A e B a C e D. As ligações químicas devem ser rompidas para dar lugar à formação de outras. Mas custa energia desatar esses velhos laços, e as vantagens da nova ligação nos produtos talvez ainda não seja sentida nas primeiras etapas da reação. O resultado — uma barreira.

Tentamos, então, um catalisador, uma substância ou um composto, uma molécula (não raro uma mistura de moléculas) que adicionamos aos reagentes. Chamemo-lo X (de fato, as companhias muitas vezes escondem a natureza de seus catalisadores). X não age por mágica, à distância. O catalisador X envolve-se, iniciando uma sequência de reações cujo resultado líquido acaba sendo o mesmo que se o catalisador não estivesse lá. Eis aqui o mais simples exemplo de um catalisador em ação:

$$A + X \rightleftharpoons AX$$
$$AX + B \rightleftharpoons C + D + X$$

Um ou mais dos reagentes reage com o catalisador, produzindo um "intermediário", uma molécula AX. Esse intermediário tem vida breve; reage rapidamente com outro dos reagentes, digamos B. Numa etapa (ou várias), essa segunda reação gera os produtos C + D e reforma o catalisador X. O qual, então, estará pronto para guiar outra série de reações na dança. Observe-se que a mudança total é apenas

$$A + B \rightleftharpoons C + D$$

Para que não se pense que se trata de um mero formalismo, permitam-me imediatamente preencher este esquema abstrato. Atualmente, quase todos estão cientes dos problemas que os clorofluorcarbonetos causam à tênue mas essencial camada de ozônio (O_3) da atmosfera. O ozônio lá em cima é formado e regenerado por certos processos naturais. Os clorofluorcabonetos são inertes ao nível do mar, mas quando se elevam até a estratosfera, são decompostos pela luz solar, gerando átomos de cloro (Cl). Segue-se a seguinte sequência de reações:

$$Cl + O_3 \rightleftharpoons OCl + O_2$$
$$OCl + O \rightleftharpoons O_2 + Cl$$

O OCl é um "intermediário", uma espécie de reverso do catalisador, pois esta molécula é produzida durante a reação e em seguida extinta. Os átomos de oxigênio (O) que participam da segunda reação não são comuns ao nível do mar, mas estão presentes em quantidade suficiente 30 quilômetros acima para participarem da química. A reação líquida é

$$O_3 + O \rightleftharpoons 2O_2$$

ou seja, a transformação de uma molécula de ozônio (O_3) e um átomo de oxigênio em duas moléculas de oxigênio (O_2). Este é um processo que se dá de qualquer maneira; o que os clorofluorcarbonetos fazem é proporcionar outro canal para exaurir o ozônio. Não por mágica, mas através da catálise por átomos de cloro.

Note-se aqui outro aspecto do mesmo e do não mesmo — o elemento oxigênio aparece nesta reação (e na natureza) em três formas essenciais ou *alótropos*: o O atômico, O_2 e O_3 moleculares. Deles, o O_2 diatômico é a forma estável sob condições terrestres ambientes.

Por que a reação se encaminha mais rapidamente para o equilíbrio na presença de um catalisador? Porque a barreira de energia a que os átomos A e B se rearranjam para formar os produtos é contornada pela intervenção de X. Essa molécula catalisadora desfaz as ligações (talvez uma de cada vez). Derruba a barreira. Nem todo X fará isso, só alguns deles, o que abre espaço para a engenhosidade.

Os catalisadores fascinam por causa de sua aparente magia:

(a) O catalisador X faz acontecer coisas que não aconteceriam sem ele (não que sempre queiramos essas mudanças; prova disso é o caso do ozônio).
(b) Pequeníssimas quantidades de um catalisador podem transformar uma grande quantidade de material. Em princípio, a série de reações mostrada antes poderia prosseguir para sempre; na prática, o catalisador é por fim exaurido por alguma outra química.

34.1 Capa do número de 17 de fevereiro de 1992 da revista *Time*. © Time Inc. Reimpresso com permissão.

(c) X é regenerado. Isso prepara a armadilha para que o observador acredite que X não esteja envolvido. Mas está; sem sua ajuda química, nada teria acontecido.

O Cl dos clorofluorcarbonetos catalisa uma reação indesejada. Em seguida, quero mostrar a vocês dois exemplos de catalisadores úteis em ação, cada um dos quais, à sua maneira, essencial para nossa maneira de viver. Um opera no automóvel moderno; o outro, em nosso corpo.

35. Três Vias

Nenhuma sociedade é tão dependente do automóvel – nosso servo, nosso senhor – como os Estados Unidos. E nenhuma teve um romance tão persistente com o carro. O automóvel produzido em massa, barato, é essencialmente democratizante, o universal Volkswagen. Há, porém, uma ladainha de problemas que podemos razoavelmente, creio eu, deixar à porta sempre adequadamente ruidosa do automóvel. Subsidiamos rodovias à custa de meios de transporte mais racionais, e deixamos nosso sistema de transporte público atrofiar-se. Fomos durante tanto tempo cegos ao controle de qualidade e à economia de combustível que um contribuinte muito positivo para a nossa balança comercial perdeu a eficácia. A indústria automobilística norte-americana recuperou-se, mas tardiamente.

Haverá algo positivo a ser dito sobre os Estados Unidos e sua paixão por automóveis? Sem dúvida – mediante a legislação e a engenhosidade industrial, este país enfrentou (e enfrenta) os problemas da poluição vinda do automóvel antes de qualquer outro país. Um catalisador fez isso.

O motor de combustão interna, um combustível de hidrocarboneto – digamos, octano, C_8H_{18} – é queimado para dar CO_2 e H_2O:

$$C_8H_{18} + 12{,}5O_2 \rightleftharpoons 8CO_2 + 9H_2O$$

Se isso fosse tudo, não haveria nenhum problema. O CO_2 é um possível fator para o aquecimento global, mas não um poluente importante.

Na verdade, as coisas não se passam idealmente nesse motor. Primeiro, um pouco de hidrocarboneto escapa queimando e é volatilizado. Segundo, a combustão pode ser incompleta, gerando tanto CO quanto CO_2. Terceiro, uma pequena quantidade de N_2, um inocente companheiro de viagem do O_2 da atmosfera através do carburador e na câmara de combustão, reage nas altas temperaturas de combustão com o O_2 (exatamente como o faz nas descargas dos raios). Os produtos são uma mistura de óxidos de nitrogênio, normalmente chamados NO_x entre os quais se destaca o NO, óxido nítrico.

Todos três produtos colaterais – hidrocarbonetos, CO e NO_x – são poluentes. Sob determinadas condições atmosféricas, na presença da luz solar, altas concentrações de hidrocarbonetos e NO_x podem levar à formação de *smog* fotoquímico. Forma-se o nosso benfeitor estratosférico, o ozônio, que se torna um autêntico vilão a baixas altitudes. Os componentes do *smog* fotoquímico podem causar irritação nos olhos, prejudicar a respiração e causar danos à vegetação e aos materiais. O CO, o outro poluente, prejudica moderadamente as capacidades motoras, ao obstruir uma parte de nossa hemoglobina, como discuti no Capítulo 10.

Os problemas especiais da bacia de Los Angeles fizeram da Califórnia um pioneiro, ao abrir o caminho para a imposição de controles à emissão de gases. Os fabricantes de automóveis reclamaram que não podiam fazer isso, mas na verdade fizeram o que deviam. Os automóveis fabricados antes de 1966 emitiam 10,6 g de hidrocarbonetos, 84 g de CO e 4,1 g de NO_x por milha rodada. Os limites alcançados na Califórnia são de 0,25 g de hidrocarbonetos, 3,4 g de CO e 0,4 g de NO_x. Não é uma redução pequena, mas um fator de 10 a 40.[1]

---

[1] Para um relato racional sobre até onde podemos chegar e a que custo, ver CALVERT, J. G.; HEYWNOOD, J. B.; SAWYER, R. F.; SEINFELD, J. H.; "Achieving Acceptable Air Quality: Some Reflections on Controlling Vehicle Emissions", *Science* 261, 2 de julho de 1993:37-45.

Esta grande façanha industrial deve-se sobretudo a um catalisador chamado TWC, *three-way catalyst* (ou catalisador de três vias, por lidar ao mesmo tempo com os hidrocarbonetos, o CO e o NO_x). A ideia do catalisador pode ser rastreada até uma patente de trinta anos de idade, de G. P. Gross, W. F. Biller, D. F. Greene e K. K. Kearby, da Esso (hoje Exxon). O componente metálico crucial no catalisador efetivo, o ródio, foi sugerido por G. Meguerian, E. Hirschberg e F. Rakovsky, da Amoco, na década de 1970. O tratamento catalítico dos gases dos automóveis começou nos Estados Unidos com o modelo do ano de 1975; os primeiros veículos equipados com o TWC e os necessários componentes eletrônicos de *feedback* foram os Volvos de 1979, vendidos na Califórnia. O catalisador funciona bem só nas proximidades de uma muito específica proporção ar – óleo, de 14,65 – daí a necessidade de se associar um controle preciso do combustível.[2]

O TWC, como todo bom catalisador (ou qualquer outra coisa que seja o produto da evolução natural ou humana) é uma bela mixórdia. A alumina porosa (Al_2O_3) serve de revestimento às paredes do canal de um favo de mel. Na alumina, ou em sua superfície, estão alguns outros óxidos: céria (CeO_2), lantana (La_2O_3), às vezes óxido de bário (BaO) ou níquel (NiO). Cerca de 1 a 2% dos materiais aplicados à superfície de alumina consistem nos metais nobres platina (Pt), paládio (Pd) e ródio (Rh), sem os quais o catalisador é inativo. Uma visão "cortada" de um típico "conversor catalítico" que usa TWC é mostrada na Ilustração 35.1.

Algumas composições de catalisadores contêm os três metais, outras não. Mas nenhuma omite o Rh, o mais ativo dos três. Um conversor catalítico típico de um carro pequeno contém cerca de um grama de ródio. Outros componentes ainda podem ser acrescentados. Mordecai Shelef e G. W. Graham, dois pesquisadores ativos na área, dizem:

---

[2] Essas minhas informações foram extraídas ele uma resenha legível de SHELEF, M.; GRAHAM, G. W. "Why Rhodium in Automotive Three-Way Catalists?", *Catalysis Reviews: Science and Engineering* 36, n.3, 1994:433-57. Ver também KUMMER, J. T. "Use of Noble Metals in Automobile Exhaust Catalysts", *Journal of Physical Chemistry* 90, 1986:4747-52.

35.1 Uma vista "cortada" de um catalisador catalítico típico. (Foto por cortesia do Laboratório de Pesquisas da Ford, Ford Motor Company.)

Isso proporciona um número muito grande de permutações em procedimentos e composição de depósitos. Como era de esperar, a exata "Zusammensetzung" é a alma do negócio do fabricante de catalisadores, e é cuidadosamente guardada.[3]

O eficiente ródio também é muito caro — cerca de três vezes o preço do ouro. O ródio é obtido como um subproduto da exploração da platina: 74% do suprimento mundial vem da África do Sul; 21%, da Rússia. Em 1993, 90% do suprimento mundial de Rh iam para os TWCs.[4] Seria ótimo substituir o Rh por algum outro componente catalisador, mas até agora nada foi descoberto que funcionasse com a mesma eficiência.

---

[3] SHELEF, M.; GRAHAM, G. W. "Why Rhodium in Automotive Three-Way Catalysts?", p.437.
[4] Estas estatísticas vêm de *Platinum* 1994. Londres: Johnson-Matthey, 1994.

Como, de fato, funciona o catalisador? Espero não decepcionar se disser que há pedaços de informação, conhecimento parcial, mas ainda nenhuma certeza. Não por falta de tentativas. É muito grande o incentivo econômico para se obter conhecimento confiável acerca das entranhas do processo, e também muito grande o provável poder que viria com esse conhecimento para se pensar racionalmente em substituir o Rh.

Todavia, podemos estar certos de que as coisas *não* acontecem de uma só arremetida, com todos os componentes – hidrocarbonetos, NO, CO – reunindo-se limpidamente na superfície de Rh e em seguida rearranjando-se nos produtos. A probabilidade de tal coisa é realmente infinitesimal. A reação provavelmente consiste numa sequência extremamente rápida de etapas mais simples, envolvendo uma ou duas moléculas de cada vez.

Eis aqui uma dessas sequências, que se concentra no que acontece com o NO e o CO. Começa com a adsorção (uma ligação com a superfície) de CO e NO:

$$NO\,(g) \rightleftharpoons NO(a)$$
$$CO\,(g) \rightleftharpoons CO(a)$$

Aqui, (g) significa "na fase gasosa" e (a) significa "adsorvido, ligado ao metal". Uma representação do que acontece (só são mostradas moléculas de NO) é mostrada na Ilustração 35.2.

Há excelentes evidências experimentais de tal "quimissorção" de NO. Em seguida, algumas pessoas acham que dois NOs se unam sobre a superfície, formando assim uma ligação N-N:

$$2NO(a) \rightleftharpoons (NO)_2(a)$$

Esta é na verdade uma etapa em que Tom Ward e eu trabalhamos do lado teórico.[5] Postulamos um caminho de reação tal como mostrado na Ilustração 35.3 e entendemos por que o Rh funciona melhor do que Pd ou Pt.

---

[5] WARD, T. R.; HOFFMANN, R.; SHELEF M. "Coupling Nitrosyls as the First Step in the Reduction of NO on Metal Surfaces: The Special Role of Rhodium", *Surface Science* 289, 1993:85-99.

35.2 NO caindo sobre uma superfície de ródio.

Lembrem-se. Eu disse "algumas pessoas". Nem todas. Onde há conhecimento parcial, há controvérsia. Algumas pessoas preferem outra sequência de eventos. As experiências necessárias para distinguir entre os vários mecanismos ainda não são factíveis. A controvérsia persiste.

35.3 Um caminho de reação hipotético para acoplar dois NO quimissorvidos.

Em seguida, julga-se que uma molécula de óxido nitroso (N_2O) seja formada e presa à superfície:

$$(NO)_2(a) \rightleftharpoons N_2O(g) + O(a)$$
$$N_2O(g) \rightleftharpoons N_2O(a)$$

O óxido nitroso em seguida se desintegra na superfície, liberando o bom e inofensivo N_2:

$$N_2O(a) \rightleftharpoons N_2(g) + O(a)$$

Note-se que várias destas etapas formaram átomos de oxigênio (não moléculas) quimissorvidos na superfície. Eles, em seguida, completam a "queima" do CO (e, em outra reação, dos hidrocarbonetos):

$$CO(a) + O(a) \rightleftharpoons CO_2(g)$$

Por alguma razão, duvido que seja tão simples assim.

Mas o catalisador funciona. Não quero que percamos de vista a incrível façanha edisoniana dos fabricantes do TWC – uma redução da emissão de poluentes para uma ínfima porcentagem do que eram trinta anos atrás. Ainda não entendemos como esses catalisadores funcionam. Esta é a nossa fraqueza (de descoberta), um contraponto à nossa engenhosidade (em criá-las). É também o nosso desafio.

Um último ponto. Lembremo-nos do mortal mimetismo do monóxido de carbono, do Capítulo 10. Uma análise cuidadosa feita por Mordecai Shelef conclui:

> Em 1970, antes da implementação de controles rigorosos sobre a emissão de gás de escapamento de veículos motorizados (GEVM) a incidência anual nos Estados Unidos de acidentes fatais com o monóxido de carbono presente no GEVM era de 800, e a de suicídios, de 2000 (algo menos do que 10% do total de suicídios). Em 1987, ocorreram no total 400 acidentes fatais e 2700 suicídios por GEVM. Levando-se em conta o crescimento da população e do registro de veículos, as vidas salvas por ano em acidentes com GEVM foram 1200 em 1987 e 1400 os suicídios evitados.[6]

Este resultado vai de par com a redução de 35% no número total de suicídios na Inglaterra e no País de Gales na década de 1960, ligada a uma única causa – a redução da concentração de CO no gás doméstico. O gás normalmente era feito de carvão e continha até 14% de CO. Passou-se então a usar o gás natural do Mar do Norte, que tem muito pouco CO.[7]

---

[6] SHELEF, M. "Unantecipated Benefits of Automotive Emission Control: Reduction in Fatalities by Motor Vehicle Exhaust Gas", *Science of the Total Environment* 146-47, 1994:93-101.

[7] LESTER, D.; CLARK, R. V. "Toxicity of Car Exhaust and the Opponunity for Suicide: Comparison Between Britain and the United States", *Journal of Epidemiology and Community Health* 41, 1987:117-20 e as referências aí presentes.

36. Carboxipeptidase

O catalisador de três vias era uma mistura de partículas de metal platina, paládio, ródio. Átomos de outro metal, zinco, participam da ação do catalisador biológico, uma enzima, que descreverei em seguida. As enzimas são proteínas, cadeias de aminoácidos. São quase inteiramente compostas de átomos de C, H, O, N e S. Mas com frequência o sítio ativo da enzima utiliza átomos de metal essenciais entre outros, ferro, cobre, manganês, molibdênio, magnésio e zinco. Sua importância nos sistemas biológicos não tem correlação com sua abundância na crosta terrestre.

A carboxipeptidase A é uma enzima digestiva. As moléculas ingeridas pelos animais precisam ser quebradas antes de serem reformadas em moléculas maiores e melhores. Não até os átomos, não — isso seria ineficaz. Bastam blocos de construção de dois a onze carbonos, um conjunto de blocos de construção moleculares do qual possa ser formada a diversidade da bioquímica.

Comemos proteínas (precisamos). A carboxipeptidase A é uma *protease*, uma enzima que corta em pedaços a proteína, desprendendo um aminoácido de uma extremidade da cadeia polipeptídica. Ela é um especialista, como o são as proteínas, em certos aminoácidos. Eis aqui a sua química (Ilustração 36.1):[1]

36.1 A química executada pela carboxipeptidase A. Um caminho de reação hipotético para acoplar dois NO quimissorvidos.

Note-se a simplicidade da reação; apenas se acrescenta água através da ligação C-N, assinalada pela seta à esquerda. Então, quem precisa da enzima? Nós precisamos dela. Esta reação simples, $A + H_2O \rightleftharpoons B + C$, não acontece a uma velocidade útil na ausência da enzima.

Permitam-me ser mais específico: no caso de certo peptídeo, Daniel Kahne e W. Clark Still mediram que metade das ligações C-N do peptídeo seriam quebradas em sete anos (sem uma enzima). É tempo de espera demais para se digerir um hambúrguer![2]

Nos sistemas bioquímicos, o substrato (a molécula sobre a qual a enzima age, normalmente denotada por S) e a água são entregues para a enzima (E). Esta última faz essa aparente mágica por meio de uma série de reações, e em seguida libera os produtos (P) e repete seu trabalho. Podemos resumir esquematicamente o processo pela sequência de reação

---

[1] Quanto a uma descrição da química e da estrutura da carboxipeptidase A, ver STRYER, *Biochemistry*, p.215-20.
[2] KAHNE, D.; STILL, W. C. "Hydrolisis of a Peptide Bond in Neutral Water", *Journal of the American Chemical Society* 110, 1988:7529-34.

$$E + S \rightleftharpoons ES$$
$$ES + H_2O \rightleftharpoons E + P$$

Aqui, ES é um "complexo" da enzima com a proteína a ser degradada, o intermediário.

Somos curiosos, queremos saber como a enzima trabalha. Para descobrirmos, certamente queremos começar com a estrutura da enzima. Mas também queremos saber a forma do intermediário ES. E... isto é como agarrar o vento. A enzima não é chamada enzima por acaso – ela catalisa a química relevante de modo mais eficiente. ES está lá, mas sempre muito transitoriamente; a fábrica enzimática normalmente processa cem milhões de moléculas por segundo.

O truque, então, é desacelerar o processo. Por experimentação, podemos encontrar um S' que se ligue à enzima, mas que *não* seja cortado em pedaços rapidamente. ES', então, permanece o tempo suficiente para fazermos a determinação de sua estrutura. A química é contínua e coerente. S' é o mesmo e não o mesmo que S. O que aprendemos da estrutura de ES' (que está ali o tempo suficiente para que o estudemos) se aplica, provavelmente, a ES (aqui e não mais aqui num piscar de olhos).

Para a carboxipeptidase A, a estrutura da enzima isolada e de diversos complexos enzima-substrato foi estabelecida por William Lipscomb, Jr. e seus colaboradores.[3] Acontece que Lipscomb foi um dos meus orientadores de doutorado, embora eu trabalhasse com uma química muito distante da enzima.

A carboxipeptidase A consiste numa única cadeia polipeptídica com cerca de novecentos átomos de comprimento, com muitos grupos vinculados, ao todo 307 aminoácidos. Ela se dobra num formato compacto de cerca de $50 \times 42 \times 38$ Å (1 Å $= 1 \times 10^{-8}$ centímetros; para calibragem, uma molécula de oxigênio tem um comprimento de cerca de 3Å). A Ilustração 36.2 mostra uma parte de sua estrutura e a

---

[3] LIPSCOMB, W. N. "Structure and Catalysis of Enzymes", *Annual Reviews of Biochemistry* 52, 1983:17-34; CHRISTIANSON, D. W.; LIPSCOMB, W. N. "Carboxypeptidase A", *Accounts of Chemical Research* 22, 1989:62-69.

Carboxipeptidase 247

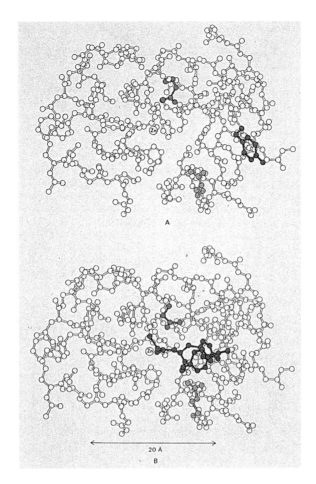

36.2 A estrutura da carboxipeptidase A (E, *em cima*) e seu complexo com gliciltirosina (ES', *embaixo*). Segundo LIPSCOMB, W. N. *Proceedings of the Robert A. Welch Conference on Chemical Research* 15, 1971:140. A ilustração real é de STRYER, L. Biochemistry, 3.ed. Copyright © 1988 de Lubert Stryer. Usado com permissão de W. H. Freeman and Co.

estrutura do complexo (ES') com um substrato lentamente fendido, gliciltirosina.

A Ilustração 36.3 amplia um pedaço do complexo enzima-substrato (ES', inicialmente mostrado na Ilustração 36.2, direita); a gliciltirosina ligada está em vermelho.

Há um lugar para o substrato, com certeza – uma ranhura, uma cavidade, um buraco de fechadura, qualquer metáfora para localiza-

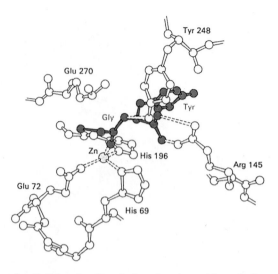

36.3 O ambiente da gliciltirosina ligada à carboxipeptidase A. Segundo BLOW D. M.; STEITZ, A. "X-Ray Diffraction Studies of Enzymes" [Estudos de enzimas por difração de raios X], *Annual Reviews of Biochemistry* 39, n.79, 1970. Copyright 1970 de *Annual Reviews Inc.* Todos os direitos reservados. Ao ilustração é de STRYER, L. *Biochemistry*, 3.ed., Copyright © 1988 de Lubert Stryer. Usado com permissão de W. H. Freeman and Co.

ção relativa que se quiser. Mas as coisas são um pouco mais complicadas. A ranhura, a cavidade, a fechadura em que a chave se encaixa não são estáticas. Ela respira. Ou, para sermos menos antropomórficos, a enzima reajusta sua forma quando se liga ao substrato. Que isto aconteça com frequência é algo que Daniel Koshland Jr. defendeu convincentemente em seu "modelo de encaixe induzido" da ação da enzima.[4] Pode-se ver que um par de átomos de um aminoácido (tirosina 248) se move por até 12 Å (um quarto da dimensão linear da enzima), em resposta à ligação.

Eis aqui o que Lubert Stryer diz da molécula:

> O substrato ligado é cercado por todos os lados por grupos catalíticos da enzima. Esse arranjo promove a catálise... É evidente que um substrato

---

[4] KOSHLAND, JR., D. E. "Protein Shape and Biological Control", *Scientific American* 229, n.4, 1973:52-64.

não poderia entrar num tal arranjo de grupos catalíticos (nem poderia um produto sair) sem que a enzima fosse flexível. *Uma proteína flexível oferece um repertório muito maior de conformações potencialmente catalíticas do que uma proteína rígida.*[5]

Enfim, o belo trabalho de Lipscomb levou a um mecanismo detalhado para a mágica clivagem da carboxipeptidase A. Ele é mostrado na Ilustração 36.4. O complexo enzimático ligado (ES) é atacado (parte de cima da ilustração) por uma molécula de água que é "ativada" por um íon de zinco e um aminoácido específico da proteína, o glutamato 270 (Glu 270; os números aqui se referem a uma ordenação em série dos aminoácidos). Forma-se outro complexo intermediário (meio da ilustração); quando se desfaz, a ligação C-N é fendida e é adicionado um hidrogênio ao nitrogênio, de novo a partir desse crucial Glu 270. Não sem uma ajudazinha de meus amigos – aminoácidos enzimáticos Arg 145, Try 248 e Arg 127: o quadro inferior da ilustração mostra os pedaços pouco antes de serem liberados.

A natureza não oferece mais justificativas para a bela *complexidade* deste processo do que o faz para a multidão de vida por metro quadrado de seu quintal ou considerações da Suprema Corte dos Estados Unidos sobre o direito de aborto.

Mircea Eliade, um historiador da religião, escreveu um livro admirável, *Ferreiros e alquimistas*, a respeito da relação entre religião, metalurgia e alquimia. Em seu belo capítulo final, Eliade faz a obsedante observação de que o objetivo do alquimista era acelerar a evolução "natural" dos metais de básicos para nobres e garantir uma transformação semelhante do corpo, da doença para a saúde, de mortal a eterno. Os alquimistas fracassaram, afinal, e foram substituídos pelos modernos químicos e físicos, que, negando todo o tempo qualquer ligação com eles, alcançaram, por meio de catalisadores, compostos e produtos farmacêuticos, uma parte muito grande do objetivo original dos alquimistas.[6]

---

[5] STRYER, L. *Biochemistry*, p.220 (grifos no original).
[6] ELIADE, M. *The Forge and the Crucible*, trad. inglesa de Stephen Corrin. Nova York: Harper and Row, 1962; 2.ed., Chicago: University of Chicago Press, 1978.

36.4 Um mecanismo para a ação da carboxipeptidase A. Adaptado com permissão de CHRISTIANSON, D. W.; LIPSCOMB, W. N. *Accounts of Chemical Research* 22, 1989:62-9. Copyright © 1989 American Chemical Society.

Oitava Parte

Valor, dano e democracia

37. Púrpura de Tiro, Pastel e Índigo

A dualidade de proveito e dano potencial é enfrentada por seres humanos reais, falíveis e éticos no âmbito de qualquer objeto presente em seu meio ambiente. Um automóvel, uma faca de pão, um programa de televisão podem ajudar ou prejudicar. Mas essa dualidade ganha destaque nas atitudes atuais diante dos trabalhos das grandes indústrias químicas do mundo. Ao considerarmos os salários, a abundância de produtos, os refugos de nossas fábricas gigantes e pequenas estamos realmente contemplando a imagem de Jano.

Sempre houve uma indústria química, pois é impossível viver neste mundo sem transformá-lo. Muitas protoquímicas práticas – metalurgia, cosmética, fermentação e destilação, corantes, fórmulas farmacêuticas e a preparação de comida – já estavam entre nós milhares de anos antes da ciência das moléculas. Logo os objetos dessas transformações se tornaram a essência do comércio organizado.

Tenho em mente, por exemplo, a maravilhosa manufatura de elite do pigmento chamado púrpura de Tiro.[1] Desde cedo na história

---

[1] A maior parte da discussão presente neste capítulo foi extraída de SPANIER, E. (Org.). *The Royal Purple and the Biblical Blue, Argaman and Tekhe-*

de Roma (e na vida dos hebreus), era muito apreciada uma lã tingida de púrpura, de um tom que vai do vermelho ao azul-escuro. Era chamada púrpura de Tiro ou púrpura régia. Plínio, o Ancião, descreveu-a como "da cor do sangue coagulado, tendente ao preto à primeira vista, mas brilhante quando levado à luz". Na Roma republicana, trajes inteiramente tingidos de púrpura só podiam ser vestidos pelos censores ou pelos generais em triunfo, ao passo que os cônsules e os pretores vestiam togas de bordas de púrpura e os generais em campanha, uma manta de púrpura.

A manufatura de púrpura régia ou de Tiro era muito restrita no Império Romano. Tornou-se um delito capital fabricar a púrpura régia, a não ser nas oficinas imperiais. Enquanto isso, os hebreus escreveram uma receita de azul no Velho Testamento, especificando que um fio das franjas de suas roupas tinha de ser tingido de um determinado azul, chamado *tekhelet*.

A púrpura tíria e o azul bíblico são de origem animal. Eram extraídos a duras penas, e portanto com altos custos, de três espécies de moluscos gastrópodes: *Trunculariopsis trunculus*, *Murex brandaris* e *Thais haemastona*. A Ilustração 37.1 mostra as conchas dessas três espécies. Numa das estruturas corporais — o manto — desses belos moluscos de conchas, há uma glândula hipobranquial. Essa fábrica química tem numerosas funções e produz não só uma substância mucoide que aglutina partículas ao serem expelidas pelo molusco, mas também diversas substâncias químicas neurotóxicas usadas na predação. E emite um líquido claro que é o precursor das tintas. Ao ser exposto ao oxigênio da atmosfera, sob a ação de enzimas e, o que é importante, da luz solar, o líquido passa do esbranquiçado para um amarelo semelhante ao pus, depois para o verde e finalmente para o azul e o púrpura. Aristóteles, um observador atento, e Plínio, ambos dão uma boa descrição dos moluscos e do processo de extração do corante.

---

let: *The Study of Chief Rabbi Dr. Isaac Herzog on the Dye Industries in Ancient Israel and Recent Scientific Contributions*. Jerusalém: Keter Publishing, 1987. Quanto a um relato moderno sobre a antiga indústria de púrpura régia, ver MCGOVERN, P. E.; MICHEL, R. H. "Royal Purple Dye: The Chemical Reconstruction of the Ancient Mediterranean Industry", *Accounts of Chemical Research* 23, 1990:152-8.

Púrpura de Tiro, pastel e índigo 255

37.1 As três espécies de moluscos que produzem a púrpura de Tiro (*da esquerda para a direita*: *Murex brandaris*, *Trunculariopsis trunculus* e *Thais haemastoma*). Foto de D. Darom. Reproduzido com permissão de E. Spanier, *The Royal Purple and the Biblical Blue*. Jerusalém: Keter, 1987.

Tinha-se de identificar corretamente os moluscos, quebrar com cuidado as conchas, colher o precioso líquido do manto e deixá-lo reagir, separar e concentrar a tintura, e preparar a lã ou a seda para tingimento. Pode ter existido um procedimento químico simples, uma sequência de redução-oxidação. Isso era necessário para tornar solúvel a tinta e em seguida fixá-la na fibra. Temos provas arqueológicas dessa engenhosa atividade química nas margens orientais do Mediterrâneo. Parece que os químicos fenícios tinham problemas de eliminação de detritos; seus depósitos de conchas ainda subsistem.

Desde o começo, houve outra fonte de tinturas, muito mais econômica, intimamente relacionada com a púrpura régia e o azul bíblico. É do gênero *Indigofera* de plantas da família da ervilha, amplamente disseminadas nos climas quentes. Essa planta era um importante produto do comércio da Índia, pois aí é cultivada com facilidade. É mostrado um campo de trigo na Ilustração 37.2, parte de cima.[2] E, extraída da clássica Enciclopédia de 1753, de Diderot, a Ilustração

---

[2] SANDBERG, G. *Indigo Textiles*. Asheville, N.C.: Lark Books, 1989. Agradeço ao prof. Sandberg, que é dono de uma maravilhosa coleção de tecidos, a permissão de reproduzir as Ilustrações 37.2 (em cima) e 37.3 de seu livro.

37.2 (*Em cima*) Um campo de índigo na Califórnia, fotografado por D. Miller; (*embaixo*) uma plantação de pastel na França, fotografada por W. Rauth.

37.3 mostra a produção de corante de índigo. As etapas de fermentação e oxigenação ocorrem nesses tonéis.

Outra fonte de corante de púrpura é a planta pastel ou ísatis, *Isatis tinctoria* (Ilustração 37.2, parte de baixo).[3] É muito comum na Europa e na Ásia. A planta foi amplamente usada nos climas mais nórdicos até ser substituída pela planta de índigo do Sul, do comércio das Índias Orientais.

E o que faz uma planta de ervilha fabricar uma molécula idêntica à sintetizada por um molusco? Boa pergunta. Com certeza isto tem a

---

[3] Agradeço ao prof. dr. W. Rauh, Heidelberg, fornecer-me sua bela fotografia de um campo de *Isatis tinctoria*, Ilustração 37.2, embaixo.

37.3 A produção de índigo, figura extraída da *Encyclopédie* de Diderot e D'Alembert.

ver com as trajetórias bioquímicas comuns compartilhadas pelos organismos vivos e com os jogos maravilhosos da evolução. Para outros exemplos de espécies de filos muito diferentes que fazem as mesmas moléculas complexas, eu indicaria a nepetalactona, o princípio ativo da erva-dos-gatos, que vem tanto da hortelã quanto da taquarinha (um inseto), e as bufadienolidas cardiotônicas, tiradas do veneno dos sapos e dos pirilampos.[4]

Na segunda metade do século XIX, aprendemos que a cor púrpura dos moluscos, da planta de índigo ou pastel se devia a uma

---

[4] SMITH, R. M.; BROPHY, J. J.; CAVILL, G. W. K.; DAVIES, N. W. "Iridodials and Nepetalactone in Defensive Secretion of the Coconut Stick Insects, *Graeffea crouni*", *Journal of Chemical Ecology* 5, 1979:727; EISNER, T. "Catnip: Its Raison d'Être", *Science* 146, 4 de dezembro de 1964:1318-20; EISNER, T.; WIEMER, D. F.; HAYNES, L. W.; MEINWALD, J. "Lucibufagins: Defensive Steroids from the Fireflies *Photinus ignitus* and *P. marginellus* (Coleoptera: Lampyridae)", *Proceedings of the National Academy of Sciences (USA)* 75, 1978:905-8; NAKANISHI, K.; GOTO, T.; ITÔ, S.; NATORI, S.; NOZOE, S. (Orgs.). *Natural Products Chemistry*, v.I, Tóquio: Kodansha, 1974, p.469-75.

37.4 A estrutura química do índigo.

molécula chamada índigo, com a estrutura mostrada na Ilustração 37.4. Em outras espécies animais também encontramos uma molécula correlacionada, em que dois hidrogênios são substituídos por bromos.

E em seguida, no último quarto do século XIX, com a ciência química em ascensão, os químicos alemães aprenderam como *sintetizar* o índigo. Embora talvez tivessem desenvolvido a síntese em parte por curiosidade, seus objetivos eram claramente utilitários e comerciais — havia um mercado para os corantes, e para este em especial.

38. Química e Indústria

O que aconteceu entre as pescas de moluscos e as protofábricas de Tiro e a bem-sucedida produção em massa de índigo sintético por volta de 1900, pelas empresas Baeyer, Degussa e Hoechst? Muita coisa. A escala de transformação do natural deu um grande salto. A protoquímica da púrpura de tiro pegou um produto natural e, sem muito entendimento, mas com muita atenção e habilidade (isto não soa familiar?), transformou-o em um produto de utilidade e desejo, portanto de valor comercial. A indústria alemã de tintas também começou com matérias-primas naturais — primeiro o alcatrão, depois o petróleo, e também etanol, potassa e ácido acético. Mas a síntese industrial do século XIX envolvia muitas etapas. O processo químico cresceu e se transformou no que hoje conhecemos, uma sequência de centenas de operações físicas, executadas em reluzentes recipientes de vidro ou de aço — uma operação grande o bastante para produzir índigo sintético para tingir x milhões de pares de calças jeans a cada ano.[1]

---

[1] Para uma história das origens da indústria de corantes sintéticos, ver TRAVIS, A. S. *The Rainbow Makers*. Bethlehem: Lehigh University Press, 1993.

38.1 Algumas das primeiras amostras de corantes sintéticos dos laboratórios da Basf. Da coleção do Deutsches Museum, Munique. Foto por cortesia de Otto Krätz.

Na segunda metade do século XIX, a indústria alemã de tintas cresceu muito, diversificando a quimioterapia, os fertilizantes e os explosivos. Nada há de especificamente alemão aqui; o conhecimento, como todo conhecimento químico, era e é universal. Uma parte cada vez maior do produto nacional bruto de todos os países industrializados tornou-se de natureza química.

Direta ou indiretamente, a riqueza das nações depende da química — de sua capacidade coletiva de transformar o natural. Ao definir o papel da química na economia mundial, eu incluiria todas as transformações da matéria natural, inclusive o processamento de alimentos, a extração de metais (um processo verdadeiramente químico) e a produção de energia (você seria capaz de dar à combustão da gasolina, do carvão ou do gás natural um nome melhor do que "química"?). Pelas minhas contas, a química, então, desempenharia um papel de primeira importância em cerca de um quarto do PIB dos países industrializados. A maioria dos economistas limita a definição às indústrias de processos químicos — definição ainda assim ampla o suficiente para incluir as fibras sintéticas e os plásticos, produtos químicos de massa, fertilizantes, combustíveis e lubrificantes, catalisadores, adsorventes, cerâmica, propelentes, explosivos, tintas e revestimentos, elastômeros, produtos químicos agrícolas e farmacêuticos. E mais. A indústria norte-americana de processo químico vendeu $4{,}32 \times 10^{11}$ dólares em bens em 1990, agregando mais valor à matéria-prima do que o custo desses materiais.

38.2 Uma usina petroquímica na Holanda. (Fotografia por Ian Murphy, TSI.)

Nos Estados Unidos, a indústria química é um dos poucos grandes componentes da economia que contribui positivamente para a nossa balança comercial líquida, que, como todos sabemos, é negativa. A Ilustração 38.3 mostra diversos componentes dessa balança note-se que as únicas luzes brilhantes positivas são as dos produtos químicos e da indústria aérea.[2]

A Tabela 38.1 enumera os vinte primeiros lugares no mundo químico em 1993.

Eu lhes garanto que esses produtos químicos não são feitos em tais quantidades por diversão. Alguém os compra, alguém os utiliza. E não só para o luxo, mas para o pão, para falar tanto literalmente

---

[2] DERTOUZOS, M. L.; LESTE R, R. K.; SOLOW, R. M.; A Mit Commission on Industrial Productivity (Orgs.). *Made in America: Regaining the Productive Edge*. Cambridge: MIT Press, 1989, p.7. A Ilustração 38.3 foi adaptada desta referência, © The Massachusetts Institute of Technology.

Tabela 38.1
Os vinte principais produtos químicos nos Estados Unidos

Colocação	Produto químico	Produção Estados Unidos em 1993 (em bilhões de libras)
1	Ácido sulfúrico	80,31
2	Nitrogênio	65,29
3	Oxigênio	46,52
4	Etileno	41,25
5	Cal (óxido de cálcio)	36,80
6	Amoníaco	34,50
7	Hidróxido de sódio	25,71
8	Cloro	24,06
9	Metil *tert*-butil éter	24,05
10	Ácido fosfórico	23,04
11	Propileno	22,40
12	Carbonato de sódio	19,80
13	Dicloreto de etileno	17,95
14	Ácido nítrico	17,07
15	Nitrato de amônia	16,79
16	Ureia	15,66
17	Cloreto de vinil	13,75
18	Benzeno	12,32
19	Etilbenzeno	11,76
20	Dióxido de carbono	10,69

Fonte: Dados extraídos de "Facts and Figures for the Chemical Industry" [Fatos e números sobre a indústria química], *Chemical and Engineering News*, 4 de julho de 1994:31.

(porque os fertilizantes agrícolas, por exemplo, são o principal destino do produto em primeiro lugar, o ácido sulfúrico) quanto metaforicamente. Mas a produção dessas vastas quantidades de produtos químicos ocasionalmente causa, sim, problemas.

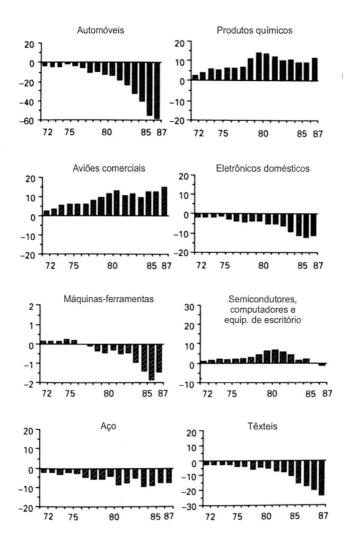

38.3 Diversos componentes da balança comercial norte-americana. As escalas verticais indicam bilhões de dólares.

É interessante pensar sobre as propriedades e os usos finais dos vinte principais produtos químicos. Os estudantes de química gastam muito tempo estudando os ácidos e as bases. Por boas razões. Entre os vinte principais produtos químicos estão três ácidos (sulfúrico, fosfórico e nítrico) e três bases (cal, hidróxido de sódio e amoníaco). Os ácidos e as bases são os iniciadores da mudança. Eles reagem.

A agricultura moderna tem alimentado adequada, não perfeitamente, uma população global em crescimento incrivelmente rápido. A responsabilidade principal por esse êxito está na utilização de fertilizantes químicos. Existem, *sim*, alguns problemas na moderna agricultura quimicamente intensiva: o escoamento de fertilizantes que afeta diretamente a vida aquática, detritos produzidos na fabricação de produtos químicos agrícolas, danos a nós e às outras criaturas vivas provocados pelos herbicidas e pesticidas, interferência nos grandes ciclos da terra, mudança climática global. Esses problemas são reais. Mas as bocas famintas das crianças do mundo inteiro clamam por alimentos — e os fertilizantes químicos feitos com não menos de sete das dez principais moléculas ajudam-nos a responder a esse clamor.

Muda devagar a lista dos vinte mais. Em 1993, nenhum novo produto químico entrou na lista, e nenhum saiu dela. Mas durante um longo intervalo — digamos, cinquenta anos — ocorrem mudanças. Os novos garotos do bairro desde 1940 são o etileno, o metil *tert*-butil éter, o propileno, o dicloreto de etileno, o cloreto de vinil e o etilbenzeno. Todos menos um deles são matérias-primas do século dos polímeros, as fontes de plásticos e fibras sintéticas.

Se, aliás, a gasolina fosse oficialmente considerada um produto químico, ela seria o número um na lista dos principais produtos. Nos Estados Unidos, cerca de seis vezes mais gasolina entra nos tanques de nossos carros do que a quantidade de ácido sulfúrico fabricada. A quantidade de gasolina consumida é tão grande que embora o próprio combustível não esteja na lista, um aditivo para gasolina nela aparece. É a estrela em ascensão, o metil *tert*-butil éter (Ilustração 38.4), às vezes abreviado como MTBE. Ele deu um salto de 121% na produção em relação ao ano anterior (portanto talvez você devesse ter investido nas empresas que o fabricam)! A presença do MTBE entre os vinte mais, sua ascensão espetacular, são prova de nosso fascínio pelo automóvel e da maneira pela qual a ciência, a tecnologia, as preocupações com o meio ambiente e a regulamentação governamental interagem neste mundo. O metil *tert*-butil éter é a alternativa viável ao perigoso chumbo tetraetil como aditivo para a gasolina, elevando a "octanagem". Ele pode estar presente em até 7% em cada litro de gasolina.

38.4 A estrutura química do metil *tert*-butil éter, a estrela em ascensão.

Qual será a próxima molécula a entrar na lista?

39. Atenas[1]

Algo mais de importância considerável aconteceu entre a utilização da protoquímica do índigo da púrpura de Tiro e o nosso tempo presente, algo dentro do próprio vasto mundo. Uma velha ideia, a democracia, cresceu na alma das pessoas. A ideia era de que os homens (e Deus sabe que demorou 2400 anos até se ver que as mulheres também tinham esta prerrogativa) tinham o direito de se governar a si mesmos. A ideia era de que o contrato social implicasse uma dada igualdade inicial, de forma que se os homens e as mulheres vivessem juntos, a legitimidade de suas ações (delegada, de algum modo, se necessário) se baseava em última instância neles mesmos e não em um senhor ou rei ou czar ou secretário do partido ou aiatolá.

Vale a pena refletir sobre a democracia hoje, cerca de 2500 anos depois das reformas de Clístenes em Atenas e poucas décadas depois da volta da democracia à bela e antiga terra grega. O fato de que a ideia teve de voltar, e não só uma vez, reflete a velha luta entre as

---

[1] Os Capítulos 39 e 42 foram adaptados de minha conferência do Prêmio Seferis da Fundação Fulbright, publicada em *Khimika Khronika* 54, n.1, 1992:4-8.

formas de governo, entre a democracia, a oligarquia e a tirania. Essa luta prossegue, e tem sentido em nossa época. Quero examinar essa invenção social, a democracia — que é tanto um trabalho dos homens e das mulheres quanto as 10^{11} libras de ácido sulfúrico fabricas a cada ano — no âmbito de sua interação com a ciência e a tecnologia.

O conteúdo básico da democracia ateniense clássica é claro, ainda que variasse em radicalismo. O Estado concedia o direito de ser ouvido e uma participação nas decisões a todos os cidadãos. É verdade que as mulheres, os escravos e essa interessante categoria de es-

39.1 Um vaso ateniense (um *dinos*) de autoria de Sophilos, que ilustra o Casamento de Peleu (Museu Britânico, Londres). Note-se a figura do centauro Quíron no canto superior esquerdo — ele voltará a aparecer em nossa narrativa. Os vasos clássicos gregos eram coloridos com compostos de ferro e manganês; as condições de aquecimento eram importantes na determinação da cor.

trangeiros residentes, os *metecos*, eram excluídos. Mas não devemos pedir demais, submeter o passado aos padrões de hoje. A cidade-estado também exigia serviços em troca, em um grau sem paralelo desde essa época. Boa parte desses serviços pertencia à esfera política. A democracia ateniense era participativa, no sentido oral ou falado, e abrangia todos os cidadãos. Imaginem que em uma cidade de 17 mil cidadãos, um júri vota a culpa de Sócrates com um resultado de 280 a 220! E não era o único júri, a única *dikasteria* que ocorria naquele dia! Nove outros podiam estar em curso ao mesmo tempo![2]

Confiança no povo, separação entre as esferas do público (*to koinon*) e do privado (*to idion*), um contrato social entre o indivíduo e o Estado, todas estas foram contribuições permanentes da democracia grega. O fato de ela, em sua forma ateniense clássica, não ter sobrevivido só demonstra a eterna luta pela justiça e os direitos humanos básicos. Não nos esqueçamos de que a luta continua, neste momento em que escrevo, em Burma, em Cuba, no Iraque, nesses notáveis acontecimentos que vimos com nossos próprios olhos no Leste europeu. E nem nós, nem o povo chinês nos esqueceremos dos primeiros dias de junho de 1989 na praça Tiananmen.

---

[2] Quanto a uma discussão da democracia ateniense, ver MOORE, J. M. *Aristotle and Xenophon on Demcracy and Oligarchy*. Berkeley: University of California Press, 1986; Aristóteles, *The Athenian Constitution*, trad. inglesa de RHODES, P. J. Harmondsworth: Penguin, 1984; e HANSEN, M. H. "Was Athens a Democracy?", *Det Kongelike Danske Videnskapernes Selskab, Historisk filosofiske Meddelelser* 59,1989:2-47. Sou devedor do professor Lynne S. Abel por me indicar essas fontes.

40. A Natureza Democratizante da Química

A ciência e a tecnologia mudaram este mundo, na maior parte dos casos para melhor (mas com algumas consequências ruins). Quero afirmar aqui que os efeitos da ciência, e da química em particular, são inevitavelmente democratizantes.

O mundo em que meus avós nasceram 150 anos atrás, na província austro-húngara da Galícia, ou o mundo dos recantos mais atrasados do Zaire de hoje, não era um paraíso romântico. O mundo era e continua sendo para muita gente que vive hoje – um ambiente brutal e hostil. Talvez se vivesse em equilíbrio com ele, mas com um tempo de vida muito distante do bíblico. Basta olhar os cemitérios do século XIX, ou ler os dilacerantes diários de nossos antepassados, para vermos a tragédia de sete crianças em cada onze mortas antes da puberdade ou do nascimento como uma perspectiva mortal. Quando ouço um adversário da tecnologia falar contra a agricultura moderna, quimicamente intensiva, ou contra a terapia farmacêutica, meu coração bate mais rápido, em um acesso de raiva contra a falta implícita da mais simples compaixão humana em sua conduta.

A humanidade viu o nosso tempo de vida dobrar; menos morte e sofrimento; controle da natalidade; uma mais rica palheta de cores para elevar o espírito; livramo-nos do fedor dos esgotos; um jeito de curar muitas (embora não todas) doenças; mais luz e comida para todos, e, em geral, melhor qualidade do ar; e alimento para a alma com o Ramayana nas telas ou um rondó de Mozart no ar — essas são coisas de que os cientistas e os engenheiros realmente podem orgulhar-se.

A tecnologia e a ciência também servem o lado mau da humanidade, como aspectos de sujeição, propaganda e até mesmo tortura. Alguns veriam nisso a neutralidade ética da ciência, e até uma razão para condená-la. Bem distante dos abusos da ciência, para muita gente das economias de baixa renda a ciência aparece como um luxo da elite ou apenas mais um elemento com que as classes privilegiadas oprimem os pobres.

Soluções tecnológicas simples, centradas em melhorar a posição humana, também podem provocar "contramedidas" da natureza. Não há necessidade de usar uma linguagem agressiva aqui; trata-se apenas de um sistema complexo e inter-relacionado, que *evoluiu*, reagindo à mudança. A mesma agricultura quimicamente intensiva e a mesma terapia antibiótica que tornou melhor a vida também provocam a seleção natural de formas de vida resistentes aos pesticidas e aos fármacos. Mas realmente acho que o efeito geral da ciência seja inexoravelmente democratizante, no mais profundo sentido da palavra — tornando disponíveis a uma ampla gama de pessoas as necessidades e os confortos que em tempos passados eram privilégio de uma elite.

41. Preocupações Ambientais[1]

A democracia política é uma transformação social tão irreversível quanto a química, a ciência da transformação da matéria. Preciso mencioná-lo porque vejo hoje nas atitudes em minha própria profissão algumas linhas de pensamento que me parecem esquecidas ou céticas em relação ao processo de governo democrático.

    Permitam-me caricaturar algumas atitudes predominantes na profissão química. Dizemos gozar de uma situação razoavelmente boa na realidade material deste mundo, em nossa remuneração (mas nunca recompensados bem o bastante, é claro), em nossa contribuição real para a sociedade. Mas espiritualmente a história é outra. Não temos R-E-S-P-E-I-T-O. Somos vistos pela sociedade, é o que diz a queixa, como produtores do inatural e rotulados coletivamente como poluidores. Estamos rodeados de "quimiofobia", de um medo irrazoável e irracional do que fazemos. Os meios de comunicação

---

[1] Os Capítulos 41, 44 e 45 são adaptações de uma Conferência Pristley para a American Chemical Society, publicada em *Chemical and Engineering News*, n.17, 23 de abril de 1990:25-9.

parecem estar envolvidos em uma conspiração contra nós, e quais conhecimento especializado a grande atriz norte-americana Meryl Streep tem para testemunhar no Congresso sobre o que há em nossas maçãs? Na verdade, permitam-me usar a história do Alar — que é onde a Meryl Streep entra — para defender algumas ideias sobre a química e a democracia.[2]

O Alar, ou daminozida, um regulador de crescimento, é um de uma dúzia, talvez, de produtos químicos que podem ser aplicados legalmente às maçãs durante o processo de maturação. Ele mantém as maçãs por mais tempo nas árvores e ajuda a maturação de frutas mais firmes e perfeitas. Uma parte muito pequena do Alar é absorvida pelas maçãs e metabolizada como uma dimetil hidrazina assimétrica — ou UDMH (de seu nome em inglês *unsymmetrical dimethyl hydrazine*), para abreviar. Os níveis de UDMH nas maçãs são provavelmente insuficientes para provocar efeitos biológicos em seres humanos. Um grupo de vigilância pública, o Conselho de Defesa dos Recursos Naturais, noticiou o uso do Alar e, de diversas maneiras alarmistas, divulgou a carcinogenicidade do metabolito de UDMH. As maçãs tratadas com Alar, já motivo de preocupação (razoável ou não) para os supermercados que as vendiam, foram rapidamente retiradas das prateleiras. Por fim, a Uniroyal Chemical, que produzia o Alar, interrompeu as vendas do hormônio.

Muitos químicos reagiram instintivamente a esse episódio, 1) queixando-se das preocupações, 2) rejeitando os motivos do grupo de vigilância pública e da sra. Streep e 3) citando a história como um exemplo típico e irracional de quimiofobia.

---

[2] Quanto a visões contrastantes acerca da controvérsia provocada pelo Alar, ver SEWELL, B. H.; WHYATT R. M.; HATHAWAY, J.; MOTT, L. *Intolerable Risk: Pesticides in Our Children's Food*. Nova York: Natural Resources Defense Council, 27 de fevereiro de 1989; e ROSEN, J. D. "Much Ado About Alar", *Issues in Science and Technology*, outono de 1990:85-90. Ver também MARSHALL, E. "A is for Apple, Alar, and... Alarmist?", *Science* 254, 4 de outubro de 1991:20-1; WHELAN, E. M. *Toxic Terror: The Truth Behind the Cancer Scares*, 2.ed. Buffalo, N.Y.: Prometheus, 1993; e FOSTER, K. R.; BERNSTEIN, D. E.; HUBER; P. W. (Orgs). *Phantom Risks: Scientific Inference and the Law*. Cambridge: MIT Press, 1993.

Preocupações ambientais 273

41.1 Maçãs em uma árvore dos pomares de Cornell. (Fotografia de Jay A. Schwarcz.)

Não foi essa a minha reação. Devo admitir, porém, que não fui coerente e algumas vezes quase assumi as três condutas que acabei de enumerar. Mas a minha reação inicial como químico e como ser humano foi "Nossa, eu não sabia que havia produtos químicos sintéticos nas minhas maçãs!". Eu não sabia da existência do Alar. Sabia, é claro, que as maçãs eram tratadas de várias maneiras, com fertilizantes, herbicidas, inseticidas, fungicidas, agentes de maturação. Havia aprendido desde criança a lavar as frutas, para tirar a sujeira delas. Sutilmente, ao longo dos anos, a razão real para se lavar as frutas passou a ser a remoção de quaisquer resíduos químicos. Sou o único a ter essa sensação? Não o creio. Mas não sabia, ou talvez não quisesse saber, o que podia ser encontrado dentro dela, o que não havia sido degradado. Não sabia o que permanecia dentro, como UDMH, em que níveis e com quais efeitos biológicos. Não gostava disso – quer dizer, não gostava do sentimento de ignorância. Eis-me aqui, um bacharel pela universidade de Columbia com um doutorado em Harvard e supostamente um bom químico. E não sei o que há nas maçãs! E mesmo quando ouvi o que havia nelas – Alar, daminozida –

não sabia o que era aquilo. Não estava contente comigo mesmo por não saber, não estava contente com os produtores de maçãs por introduzirem esses produtos químicos e não me informarem sobre o fato. Não estava contente com a minha educação por reter essa informação.

Assumir a ideia de que mesmo se *nós* não sabemos, *outras* pessoas sabem e de que devemos confiar nessas outras pessoas para defenderem nossa saúde é *ingênuo, anticientífico e antidemocrático*. Antidemocrático porque não é só nosso direito saber, mas, o que é mais importante como cidadãos (sobretudo como cidadãos a que a sociedade deu uma educação superior gratuita em química), é nosso *dever* saber. Se os químicos não sabem, quem então saberá?

O juízo de ingenuidade baseia-se na história e no conhecimento da natureza humana. A grande maioria dos produtores e comerciantes é escrupulosa no que se refere à segurança de seus produtos. Sua reputação depende de seus cuidados. Mas existem também exemplos em contrário, desde histórias da Bíblia até o escândalo dos alimentos para bebês Beech-Nut e todos esses vazamentos nos canais perto de Nova York.

Acreditar que *outras* pessoas sabem o que é anticientífico, em vista do que nós, cientistas, aprendemos muito cedo — analisar, verificar, não confiar no rótulo.

42. Ciência e Tecnologia na Democracia Clássica

Quero agora retornar à Atenas clássica em sua democracia e refletir um pouco sobre como poderia ela ter tratado o caso Alar. Não há dúvida de que o caso de perigo público potencial, justificável ou não, teria sido um assunto a ser discutido pela *ekklesia* (a assembleia geral dos cidadãos). Garantia-o o processo político participativo. A oração fúnebre de Péricles, tal como relatada por Tucídides, resume a essência do processo e nos leva à ligação com a ciência. Diz ele:

Nossos cidadãos comuns, embora ocupados com suas atividades, são mesmo assim juízes justos de assuntos públicos; pois só nos consideramos o homem que não participa dos negócios públicos não como alguém que cuide do que lhe é próprio, mas como um completo inútil. Nós, atenienses, somos capazes de julgar todos os acontecimentos, e em vez de encararmos a discussão como uma pedra de tropeço no caminho da ação, julgamo-na uma preliminar indispensável para qualquer ação.[1]

---

[1] TUCÍDIDES. *The Peloponesian War*, trad. inglesa de John H. Finley, Jr. Nova York: Modern Library, 1942, p.105.

É claro que os cidadãos das cidades-estados da Grécia se sentiam capazes de julgar, pouco importando quão técnico fosse o assunto. Reservavam um lugar para o conhecimento especializado, é claro. Assim, como oficiais militares, como os *strategos*, eram eleitos aqueles que podiam ocupar o cargo repetidas vezes. E muitos, como Péricles, o fizeram.

É interessante procurar nos registros antigos as atitudes em relação à ciência e à sabedoria. Dada a forte base tecnológica do bom êxito do estado ateniense, sua estratégia militar, armas, as velozes trirremes, as minas de prata, poder-se-ia esperar mais do que eu, pelo menos, pude encontrar. Na *Constituição de Atenas* de Aristóteles encontramos menções a contratos de trabalho nas minas, ou contratos de arrendamento para estas. Estavam sob os *poletai*, escolhidos por sorteio entre as tribos. Havia inspetores de pesos e medidas, também sorteados. Temos listas de arrendamentos de minas e conhecemos as estarrecedoras condições de trabalho dos mineiros. Temos até um registro de uma intrigante, no contexto moderno, proposta feita por Xenofonte de se nacionalizar a mão de obra escrava de propriedade particular que trabalhava nas minas de Laurion.[2]

A prata ateniense era obtida de duas maneiras. Às vezes vinha do ouro branco aluvial, uma liga de ouro, prata e outros metais. Mais comumente, como em Laurion, aparecia em depósitos com o sulfeto de chumbo, galena. O minério era classificado e concentrado por intermédio de um engenhoso sistema hidráulico, calcinado e o óxido era reduzido a carvão. A prata bruta, ou liga chumbo-e-prata, era então submetida à copelação. Trata-se de um processo antigo, em que um minério é aquecido com chumbo em um recipiente moldado de cinza de ossos e terra. Um jato de ar oxida os metais não preciosos; os metais básicos dissolvem-se no óxido de chumbo, que flutua por cima e é retirado. Os metais preciosos, nesse caso a prata, permanecem.

O caso dos navios, as *trirremes* que deram a Atenas seu poderio naval, era um assunto de interesse direto do povo. A *boulé* (o corpo

---

[2] Ver HEALY, J. F. *Mining and Metallurgy in the Greek and Roman World*. Nova York: Thames and Hudson, 1978, e as referências aí presentes. Agradeço a Peter Gaspar apresentar-me essa valiosa fonte de informação.

42.1 Um tetradracma ateniense, cerca de 440 a.C. Reproduzido do catálogo da venda de moedas gregas e romanas da Sotheby's. Zurique, 27 e 28 de outubro de 1993, Zurique: Sotheby's, 1993, foto 7. (Foto por cortesia da Sotheby's.)

senatorial designado) constrói novos navios, mas o povo, na *ekklesia*, vota sua construção. O povo elege os arquitetos navais para os navios, portanto esse é um cargo de grande importância, não tirado por sorteio. Não sei se os arquitetos navais podiam ser reeleitos, como era o caso para os *strategoi*.

Mas só há pouca coisa mais. Talvez isso se deva ao fato de os registros não terem chegado até nós, ou é possível que minha pesquisa sobre as atitudes públicas em relação à ciência na antiga Atenas seja vã porque boa parte da educação, da indústria, da agricultura e do comércio, e portanto da tecnologia, não fosse assunto político, mas entregue à iniciativa privada, não discutida em lugares de reunião pública.

Há essa mancha indelével na democracia, o julgamento de Sócrates. Embora o veredicto final fosse em parte provocado pela intransigência quase arrogante do filósofo, a perseguição em si mesma pesa em nossa consciência. Eis aqui alguém que busca a sabedoria, um questionador, se não um cientista, um profeta, silenciado pelo *povo*. Não por um tirano, mas por 280 de seus companheiros cidadãos. Não é de admirar que seus seguidores, Platão e Aristóteles, julgassem duramente a democracia e fossem favoráveis a um governo de filósofos-reis, de especialistas. Não raro os cientistas se juntam a eles em seu sonho. Mas é apenas isso, um sonho, pelas razões que agora examinarei com vocês.[3]

---

[3] Li a empolgante e refletida racionalização que I. F. Stone faz da condenação de Sócrates, sua tentativa de mostrar "o lado ateniense da história, de mitigar o crime da cidade e, portanto, remover alguns dos estigmas que o julgamento deixou na democracia e em Atenas". STONE, I. F. *The Trial of Socrates* [Nova York: Little, Brown, 1988]. Stone é um de meus heróis, e sua narrativa é uma maravilhosa reconstrução da Atenas da época. Mas não me convenceu.

43. Antiplatão, ou Por Que os Cientistas (ou os Engenheiros) Não Devem Governar o Mundo[1]

Ouvindo os alegres bate-papos particulares entre cientistas, escutamos boatos sobre as novidades, quem está indo para onde, detalhes sobre problemas de financiamento e, em outro nível, defesas da racionalidade da ciência, a costumeira reprovação dos políticos e, às vezes, um menoscabo das questões aparentemente "moles" das artes e das humanidades. Se a abordagem racional da ciência fosse aplicada à maneira pela qual os países são governados, então, ah! então, os problemas deste mundo desapareceriam – pelo menos segundo esse argumento.

Parte dele pode ser desqualificada como camaradagem fraternal (até recentemente) em causa própria. Mas não todo ele – boa parte revela uma visão do mundo primitiva, errônea, uma falácia que atravessa as culturas e os sistemas políticos. Embora não seja certo que

---

[1] Este capítulo é uma adaptação de Roal Hoffmann, "Why Scientists (or Engineers) Shouldn't Run the World" [Por que os cientistas (ou os engenheiros) não devem governar o mundo], *Issues in Science and Technology* 7, n.2, 1991:38-9.

Platão permitiria que cientistas plebeus chegassem à condição de filósofos-reis, parte da ingênua fé de Platão no supostamente racional aflora nesta roupagem contemporânea.

A ciência moderna é uma incrivelmente bem-sucedida invenção social europeia ocidental, um empreendimento eficiente para se obter conhecimento confiável sobre alguns aspectos deste mundo e para usar esse conhecimento para transformar o mundo. Em seu núcleo está a observação cuidadosa da natureza e de nossas intervenções nela. Pode-se estar em busca da molécula que produz a púrpura de Tiro ou de como modificar essa molécula para conseguir um roxo mais brilhante ou um azul.

O mundo dos cientistas é um mundo em que a complexidade é simplificada por decomposição. É isso, tanto quanto a matematização, que chamo de análise (do tipo não químico). Ao descobrir ou ao criar (no Capítulo 9 defendi a restauração do primado da segunda metáfora), o cientista normalmente define para si mesmo ou si mesma um universo de estudo em que o resultado talvez seja complicado e surpreendente, mas no qual não há dúvida sobre a possibilidade da análise. *Há* uma solução: o corante presente na púrpura régia *tem* uma estrutura; deve haver *razões* para a limitada capacidade dos pandas de se reproduzirem no cativeiro. Os cientistas admitem que pode haver diversos fatores que contribuam para um observável ou efeito; mas por mais complicado que sejam, eles podem ser analisados e distinguidos por iniciados inteligentes e adequadamente treinados, que se comunicam na língua universal, o inglês estropiado.

Contrastemos esse mundo cuidadosamente construído do cientista em operação com a realidade fortuita das emoções ou das instituições humanas. Há uma só causa para esse rapaz ser viciado em *crack*? Por que irmãos mataram irmãos na Guerra Civil americana? Ou ainda matam na ex-Iugoslávia? Qual é a lógica do amor romântico? Devemos ter programas de ação afirmativa? Boa parte do mundo lá fora não pode ser tratada pela análise científica simplista (ou mesmo complexa). Esse mundo, a própria vida, *está* sujeito ao debate ético e moral, a reivindicações de justiça e de compaixão. Uma exposição clara dos casos, das alternativas e das consequências pode ser útil, como às vezes pode sê-lo o diálogo sem rumo em que posicionamentos éticos conflitantes são proclamados e as pessoas põem para fora o que devem. Essa é uma catarse que faz a democracia participativa funcionar. A solução de problemas pessoais e sociais não é alcançada por afirmações cientificistas de que existe uma única solução racional.

Os cientistas, segundo minha experiência, são propensos a essas declarações em favor da racionalidade. Eles veem que a análise funciona em suas pesquisas. Confusos, e até feridos, com a complexidade do mundo em que vivemos, estendemos os braços, ingenuamente, para o sonho de que este selvagem universo de emoções e ações coletivas seja governado por princípios racionais, ainda por descobrir. Curiosamente, a religião, que a ciência supostamente suplantaria, oferece uma visão do mundo semelhante (e, para mim, pessoalmente insatisfatória). Tendemos a ver o mundo em preto e branco, desejando que desapareçam as áreas cinzentas que invadem nossa consciência a cada momento da vida real. Se pelo menos os que de fato fazem as coisas acontecerem no mundo real (dos quais os piores são chamados de políticos) nos ouvissem, o mundo passaria a funcionar direito.

Recentemente assistimos ao fracasso de um desses sonhos cientificistas ou tecnocratas — o marxismo. Em todas as culturas sobre as quais se instalou — russa, chinesa ou cubana —, o marxismo se mostrou economicamente inviável e perverteu seu núcleo de justiça social subjacente revelando-se infinitamente corruptível. Os cientistas não gostam de ouvir isso, mas o marxismo era um sistema social "científico". Marx e Engels beberam de uma tradição que prevê uma ciência da sociedade. Seu socialismo era impulsionado pelo mito do progresso infinito, moldado na capacidade de o homem transformar a sociedade da mesma maneira como transformou a natureza.

Então... se os cientistas não devem governar o mundo, onde hão de ficar? Acho que o melhor para os cientistas é ficarem fora do poder mas engajados no processo político. Serão então encorajados a falar como a voz da razão, a dar conselhos sensatos, contrapor-se à irracionalidade crescente. Sua competência encaixa-se com a demanda pelo papel por eles desempenhado. Mas se estiverem no poder acho que a *hubris* de serem eles, e só eles, razoáveis provavelmente os levará a excessos insensíveis.

Estou exagerando, eu sei. Se os cientistas devem ser reprovados, é por sua participação insuficiente no processo político. Uma vez na arena, não são melhores do que os outros empenhados na política. Nem piores. Há, por exemplo, uma tradição de cientistas e engenheiros na política francesa, de Lazare Carnot a seu neto Sadi Carnot, a um meu aluno de pós-doutorado, Alain Devaquet. E nem as falhas nem os sucessos de Margaret Thatcher devem ser creditados a seu diploma de bacharel em química.

44. Uma Resposta às Preocupações com o Meio Ambiente

Um editorial de Philip H. Abelson na revista *Science* resume uma atitude diante das preocupações de nossa sociedade com o meio ambiente. Intitulado "Terror tóxico: Riscos fantasmas", ele começa e termina da seguinte maneira:

> O público há muito tempo tem sido submetido a um retrato unilateral dos riscos ambientais, em especial dos produtos químicos industriais. Apenas umas poucas pessoas tentaram dar certo equilíbrio a esse retrato. Eles enfrentaram uma formidável aliança *de facto*, preocupada com seus próprios interesses, formada pelo meios de comunicação, organizações ambientais bem armadas, reguladores federais e a barra dos tribunais... Exames da história que se acumula das declarações dos profetas da desgraça revelam sua falta de bom senso, de respeito pelos fatos e de honestidade. Suas afirmações não são uma base sólida para o gasto de trilhões de dólares em riscos-fantasma.[1]

---

[1] ABELSON, P. H. "Toxic Terror: Phantom Risks", *Science* 261, 23 de julho de 1993:407.

Ao mesmo tempo que avaliei positivamente a natureza democratizante e progressiva da química, declarações do tipo citado impressionam-me por errarem *tanto* o alvo. Elas erram o centro psicológico e moral de todas as nossas preocupações com o meio ambiente e, além disso, demonstram uma atitude doentia em relação ao processo democrático.

Não é fácil encontrar um terreno comum nesse confronto, mas permitam-me tentar. Qual é, ou deveria ser, a resposta adequada dos químicos às preocupações com o meio ambiente? Creio que a resposta deva envolver:

1. O reconhecimento de que essas preocupações se baseiam em *avaliações* técnicas de risco (os "fatos") *e* na percepção de risco (psicológica, frequentemente subjetiva). E essas maneiras de estimar os riscos (que tentarei distinguir) podem não coincidir.
2. A compreensão de que na trama dos controles que uma sociedade democrática impõe aos inevitáveis riscos à pessoa e à propriedade, a *percepção* dos riscos aparece legitimamente, queiramos ou não.
3. O fato de a democracia exigir uma plataforma para opiniões discordantes, e as atitudes ambientalistas estão claramente no nível do aceitável.

A *avaliação* dos riscos não é fácil. Envolve fundamentalmente a química analítica e a instrumentação química. Exige muita engenhosidade, que temos como um dado da profissão, no planejamento de esquemas, escalas e da química para detectar de modo confiável substâncias em níveis inimaginavelmente baixos.

A *percepção* do risco, tal como a vejo, não é apenas a avaliação técnica do risco, um modo de esconjurar os riscos da melhor maneira que pudermos. Há um forte componente psicológico na percepção do risco, e aí o assumir da responsabilidade (*empowerment*) aparece com destaque. Entendo por assumir a responsabilidade a realidade *e* a percepção de que a pessoa sujeita ao risco tenha algum controle sobre o risco.[2]

---

[2] Para uma discussão da avaliação e percepção de riscos, ver SLOVIC, P. "Perception or Risk", *Science* 236, 17 de abril de 1987:280-5; e RUSSEL, M.;

Desconfio que o assumir da responsabilidade desempenhe o papel principal nos juízos pessoais de risco. Sentimo-nos mais seguros ao dirigirmos um carro do que ao voarmos em um avião, apesar das estatísticas de acidentes em contrário. Continuamos sentindo-nos seguros, a maioria de nós, mesmo se tivermos bebido um pouco. Por quê? Porque somos nós que estamos no volante, mas outra pessoa está pilotando o avião. Boa parte do medo da geração de energia nuclear e de outros perigos tecnológicos, reais ou irreais, vem não tanto da ignorância dos processos quanto de uma sensação de não termos controle da situação.

O assumir da responsabilidade exige acesso ao conhecimento e um sistema democrático de governo. Até mesmo os melhores temas atuais de governo são apenas uma aproximação do ideal democrático. Mesmo assim, nenhum acúmulo de conhecimentos, por mais competente e amplamente ensinados que sejam, aplacará o medo do sintético, a menos que as pessoas sintam que *elas* têm algo a dizer, politicamente, acerca do uso dos materiais que as assustam.

O que digo aqui não é radical, mas a opinião comum de especialistas em risco. Eis o que diz Peter M. Sandman, diretor do Programa de Pesquisas em Comunicação Ambiental da Universidade de Rutgers:

> Quando temos um público informado e que assumiu responsabilidades, é mais razoável... Não que um público informado tolere mais riscos; ele escolhe melhor quais riscos pode tolerar. Mas um público informado sem assumir responsabilidades ou explicações sem diálogo são de praticamente nenhum valor.[3]

GRUBER, M. "Risk Assessment in Environmental Policy-Making", *Science* 236,17 de abril de 1987:286-90. Ver também GOLEMAN, D. "Hidden Rules Often Distort Ideas of Risk", *New York Times*, 1º de fevereiro de 1994, p.C1.

[3] SANDMAN, P. M. "Risk Communication: Facing Public Outrage", *EPA Journal*, nov. 1987:21-2. Vali-me de uma correspondência sobre esses assuntos com Peter Sandman.

Sandman indica "fatores de indignação", todos os componentes psicológicos da percepção de risco. Permitam-me escolher alguns entre muitos por ele enumerados:

- *Caráter voluntário*: Um risco voluntário é muito mais aceitável do que um risco obrigatório, pois não gera indignação. Considere-se a diferença entre ser empurrado montanha abaixo sobre patins e ir esquiar...
- *Moralidade*: A sociedade norte-americana decidiu nas últimas duas décadas que a poluição não é só nociva — é má. Mas falar de relações custo-risco soa muito grosseiro quando o risco é moralmente relevante. Imagine um chefe de polícia que insista em que um ocasional molestador de crianças seja um "risco aceitável"...
- *Difusão no tempo e no espaço*: O risco A mata cinquenta pessoas anônimas por ano em todo o país. O risco B tem uma probabilidade em dez de varrer do mapa um bairro de 5 mil pessoas em algum momento da próxima década. A avaliação de risco diz-nos que os dois têm a mesma expectativa de mortalidade anual: cinquenta. A "avaliação de indignação" diz-nos que A é provavelmente aceitável e B certamente não o é.[4]

Há algo de errado na implantação de códigos legais baseados não só na avaliação técnica dos riscos, mas também na *percepção* moral do risco? Não acho — a lei sempre teve uma base moral consensual, assim como uma base material. Se você não gosta disso, peço-lhe que se imagine defendendo diante de um comitê do Congresso essa taxa aceitável de assédio sexual de crianças ou a eutanásia de idosos fisicamente deficientes.

Antes de deixar o assunto da assunção de responsabilidades, quero louvar os gregos antigos não só por sua filosofia, mas também por sua capacidade de inventar engenhosas estruturas sociais que deram verdadeiramente aos cidadãos o sentimento de assumirem responsa-

---

[4] Ibidem.

bilidades. Os grandes júris, a *boulé*, a *dikasteria*, a rápida rotatividade dos cargos por sorteio — tudo isso fazia que todos participassem continuamente. Algumas dessas invenções atenienses que deixaram de existir precisam ser restauradas, por exemplo, a *euthuna*, a investigação rigorosa da conduta de um detentor de cargo político no *fim* de seu mandato. Esta era e é uma grande ideia, e seria bom transformá-la em um procedimento de rotina para todos os que possam beneficiar-se do cargo em termos de poder ou de dinheiro.

Quero voltar à atitude em relação aos ambientalistas. Alguns químicos acham que os temores dos ambientalistas são irracionais. Uma psicologia simples diz-nos que além da razão e da assunção de responsabilidades, e até antes delas, a compaixão aparece com destaque na resposta e no apaziguamento dos temores. Meus amigos, meus amigos químicos, se algum de vocês deparar com alguém que lhes fale de seus temores diante da presença de um produto químico no meio ambiente, não endureçam seu coração nem assumam um posicionamento cientificista e analítico. Abram o coração, pensem em um de seus filhos que acorda de noite de um pesadelo em que uma locomotiva passa sobre ele. Você diria a ele (ou ela) "Não se preocupe, o risco de ser mordido por um cachorro é maior?".

Não que os ambientalistas sejam crianças. Em dois séculos — os séculos da química — a ciência e a tecnologia mudaram o mundo. O que acrescentamos, na maior parte dos casos com a melhor das razões, corre o risco de modificar qualitativamente os grandes ciclos do planeta. A quantidade de nitrogênio fixado da atmosfera pelo processo Haber-Bosch, essa obra-prima da engenhosidade química, é, suspeito eu, comparável à fixação biológica global de nitrogênio.[5] Essas mudanças foram feitas no equivalente geológico de um piscar de olhos. Gaia talvez disponha de forças restauradoras para lidar com nossas transformações, mas o mundo que resultar daí pode ser um mundo em que a humanidade não desempenhe nenhum papel.

---

[5] KINZIG, A. P.; SOCOLOW, R. H. "Human Impacts on the Nitrogen Cycle", *Physics Today* 47, nov. de 1994:24-31.

44.1 Refinaria de petróleo da Shell ao amanhecer. Ao fundo, o monte Baker, Anacortes, Washington. (foto de Richard During, TSI.)

Vemos os efeitos de nossa intervenção na mudança da camada de ozônio, na poluição e na acidez de nossas águas, na razão de lavarmos uma maçã, nas estátuas que desmoronam — nossa herança, dissolvendo-se ao ar livre. Há uma boa razão para o original do *Davi* de Michelangelo ter sido retirado da Piazza della Signoria, em Florença. Há razões muito boas para despertarmos o ambientalista que há dentro de todos nós.

45. Química, Educação e Democracia

Para mim, a controvérsia sobre o Alar foi uma oportunidade educativa e instrutiva de aprender – além de uma aula de humildade – mais do que uma ocasião para descarregar a raiva contra os ambientalistas. Aprendi um pouco de química com ela; isso também aconteceu com o caso de Bhopal, e pretendo continuar aprendendo com o próximo desastre químico. A cabeça das pessoas se abre quando o conhecimento vem acompanhado de uma relação com algo crucial – um desastre, o corpo de alguém, ou até mesmo com o lúbrico e o escandaloso. Podemos servir-nos dos acontecimentos ruins em um sentido educativo.

Cheguei à educação. Vejo a educação como parte essencial do processo democrático, um privilégio e um dever do cidadão. Na verdade, não me preocupo tanto com o analfabetismo científico (e, lembrem-se, isto é apenas a minha opinião), do ponto de vista de ele limitar a nossa base de mão de obra ou afetar nossa competitividade econômica global. O que me preocupa no analfabetismo científico predominante – uma falha do processo educativo – são dois outros pontos.

Primeiro, se não conhecermos o funcionamento básico do mundo ao nosso redor, em especial daqueles componentes que os próprios seres humanos acrescentaram ao mundo, tornaremo-nos alienados. A alienação em virtude da falta de conhecimento é empobrecedora. Faz-nos sentir impotentes, incapazes de agir. Não entendendo o mundo, podemos inventar mistérios ou novos deuses, como o fizeram muito tempo atrás com respeito aos relâmpagos e aos eclipses, ao fogo de santelmo e às emissões vulcânicas de enxofre.

Meu segundo ponto de preocupação com respeito ao analfabetismo químico leva-me de volta à democracia. A ignorância da química levanta uma barreira contra o processo democrático. Acredito profundamente, como já deve estar claro, que às "pessoas comuns" deve ser concedida a responsabilidade de tomarem decisões — sobre a engenharia genética ou sobre os lugares de eliminação de detritos, sobre fábricas perigosas ou seguras ou quais drogas que provocam vícios devem ou não devem ser controladas. Os cidadãos podem convocar especialistas para explicarem as vantagens e as desvantagens, as opções, os benefícios e os riscos. Mas os especialistas não detêm o mandato; quem o detêm é o povo e seus representantes. O povo também tem uma responsabilidade — deve aprender química o bastante para poderem resistir às palavras sedutoras dos, sim, especialistas em química que podem ser recrutados para dar apoio a qualquer atividade nefanda que se quiser.

Eis aqui, pois, a importância de criar cursos de química para a escola primária e secundária, que atinjam um público amplo. E de treinar e recompensar os professores que deem essas aulas. Os cursos de química devem ser fiéis ao núcleo intelectual da matéria. Mas também devem ser atraentes, estimulantes, intrigantes. Devem visar sobretudo ao estudante que não curse ciências, ao cidadão informado, não ao profissional. Novos químicos, brilhantes transformadores da matéria, virão do meio desses jovens. Disso eu tenho certeza. Eles, porém, não poderão fazer aquilo de que são capazes se não ensinarmos a seus amigos e vizinhos, os 99,9% que *não* são químicos, o que é que os químicos fazem.[1]

---

[1] Jeremy Bernstein, um dos grandes escritores de ciência, faz algumas observações sobre a educação científica para não cientistas que são semelhantes às minhas. Fala de carência cultural, de perplexidade tecnológica e de necessidade tecnológica como nossos imperativos em *Cranks, Quarks, and the Cosmos*. Nova York: Basic Books, 1993.

NONA PARTE

As aventuras de uma molécula diatômica

46. C_2 em Todas as suas Formas

Amo esta ciência molecular. Amo sua riqueza complexa e a simplicidade subjacente, mas, acima de tudo, a vivificante variedade e conexão de toda a química. Permitam-me dar um exemplo daquilo de que gosto, pois nos desviamos para longe da beleza do animal. Embora tivesse optado por considerar a química em termos de temas como a análise, a síntese e o mecanismo, as subdisciplinas clássicas da química orgânica, inorgânica, física e analítica, têm uma vida própria persistente.[1] Gosto da química que subverte essas divisões.

C_2 é uma molécula diatômica simples. Apenas dois átomos de carbono. Não é muito estável, ao contrário dos conhecidos O_2, N_2 e F_2. Toda vez que se forma um arco entre dois átomos de carbono, obtém-se um pouco de C_2 (e um pouco de C_{60} em forma de bola de futebol, o chamado buckminsterfulereno; mas esta é uma outra e maravilhosa história) – o suficiente para se conseguir sua estrutura

---

[1] Para um relato legível e minuciosamente refletido acerca da construção de disciplinas na fronteira entre a química e a física, ver NYE, M. J. *From Chemical Philosophy to Theoretical Chemistry*.

por uma dessas espectroscopias a que me referi anteriormente. Há também uma boa quantidade de C_2 nos cometas. E o C_2 é responsável pela luz azul que vemos nas chamas.

Você há de perguntar: "Que estrutura tem a molécula de C_2". A molécula parece um haltere, e sua única variável livre é a distância entre os dois carbonos. Essa distância é de 1,2425 Å (1 Å ou Ångström é 0,00000001 cm, 1 a 3 Å é uma distância característica entre átomos ligados em uma molécula) no estado fundamental, a forma estável da molécula.

Todas as moléculas, inclusive o C_2, também existem nos chamados estados excitados. Eles decorrem da absorção de luz por parte da molécula, ou da entrada de energia de outras maneiras. As moléculas não ficam para sempre nos estados excitados, mas depois de certo tempo (que pode ser minutos ou milissegundos) voltam ao estado fundamental, mais estável, emitindo às vezes luz no processo. Há moléculas de C_2 produzidas na chama normal — derivam do combustível que contém carbono, e por fim terminam como CO_2 ou fuligem. Na chama, elas são produzidas em estado excitado, derivando sua excitação do calor das complexas reações que ocorrem na chama. De volta ao estado normal, elas emitem luz azul.

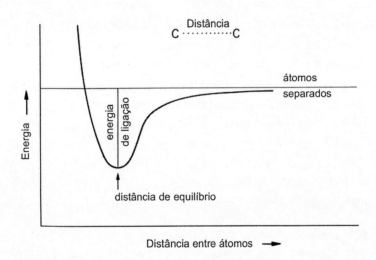

46.1 A "curva de energia potencial" de uma molécula

Um dos jeitos de se descrever uma molécula diatômica é por meio de uma "curva de energia potencial". Esse é um gráfico que mostra como a energia da molécula varia em função da separação entre os átomos. A Ilustração 46.1 mostra uma dessas curvas. A energia é plotada verticalmente; a separação entre os átomos (em Å), horizontalmente.

Traduzido para o português, diz a curva: A energia diminui por um momento quando os átomos se aproximam um do outro. Em seguida ela cresce, ao fim violentamente.

A distância à qual a curva passa da queda para a ascensão (o ponto de mais baixa energia) é chamado "distância de equilíbrio" da

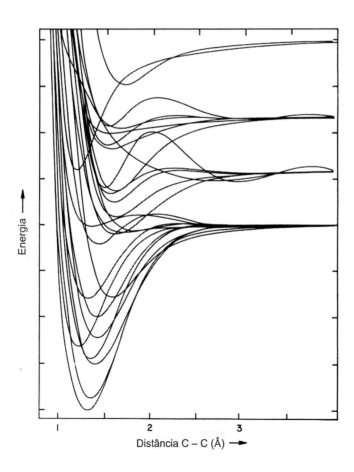

46.2 Curvas calculadas de energia potencial para C_2.

molécula. E a energia mais baixa (mais estável) em relação aos átomos separados é chamada "energia de ligação ou dissociação". O poço na superfície de energia potencial descreve a molécula — a molécula "assenta-se" nesse poço. O C_2 tem uma distância de 1,2425 Å no estado fundamental.

Cada estado excitado é uma coisa em si mesma, com sua distância de equilíbrio e profundidade de poço diferentes do estado fundamental. A Ilustração 46.2 mostra as energias potenciais não só para o estado fundamental de C_2, mas também para muitos de seus estados excitados.[2]

Desse grande número de estados que são calculados teoricamente, nada menos do que treze (o estado fundamental mais doze excitados) foram observados experimentalmente. Suas distâncias C_2DC são indicadas a seguir (as letras gregas são descritores que dão alguma informação sobre o estado):[3]

Tabela 46.1
Os treze estados de C_2 observados experimentalmente

Estados de C_2	Distâncias C-C (Å)
$^1\Sigma_g^+$	1,2425 (estado fundamental)
$^3\Pi_u$, $^1\Pi_u$	1,3119, 1,3184
$^3\Sigma_g^-$	1,3693
$^3\Pi_g$, $^1\Pi_g$	1,2661, 1,2552
$^3\Sigma_u^+$, $^1\Sigma_u^+$	1,23, 1,2380
$^3\Pi_g$	1,5351
$^1\Sigma_g^+$	1,2529
$^3\Sigma_g^-$	1,393
$^3\Delta_g$	1,3579
$^1\Pi_u$	1,307

---

[2] As curvas de energia potencial do C_2 são traçadas de acordo com FOUGERE, P. P.; NESBET, R. K., "Electronic Structure of C_2", *Journal of Chemical Physics* 44, 1966:285-98.

[3] As distâncias em C_2 foram tiradas de HUBER, K. P.; HERZBERG, G. *Molecular Spectra and Molecular Structure*, v.4, *Constants of Diatomic Molecules*. Princeton: Van Nostrand Reinhold, 1979.

Note-se o intervalo das distâncias C–C — de 1,23 a 1,53 Å. O leitor químico também pode notar um fato extraordinário — esta molécula tem um estado excitado com uma ligação C–C mais curta do que o estado fundamental. Isso é extremamente raro, mas tem sua explicação nos movimentos eletrônicos, os chamados orbitais moleculares que descrevem os estados quânticos dos elétrons na molécula. (Por sinal, é com isso que ganho bem a minha vida, calculando mal.)

O estudo dos estados excitados de C_2 pertence claramente ao reino da química física. Passemos agora a um grupo de três moléculas representativas de boa parte da química orgânica (e, aliás, todas elas de importância comercial). São elas o etano (C_2H_6), o etileno (C_2H_4) e o acetileno (C_2H_2), mostrados na Figura 46.3. O etileno é produzido em quantidades assombrosas (41 bilhões de libras só nos Estados Unidos, em 1993). Essas moléculas servem de arquétipo para as ligações C–C únicas, duplas e triplas. E, como era de esperar, quanto mais forte a ligação, mais curta é. Note-se o intervalo de distâncias da ligação C–C nessas moléculas, que é aproximadamente o intervalo completo de distância nos milhões de moléculas orgânicas que forjamos — entre 1,21 e 1,54 Å. Não é muito diferente do repertório de distâncias que os estados fundamental e excitado do C_2 exibem.

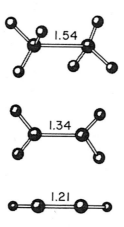

46.3 As moléculas orgânicas arquetípicas: de cima para baixo — etano, etileno e acetileno. São indicadas as distâncias C–C em Å = 10^{-8} cm.

Passemos à química organometálica, uma adorável conexão entre as químicas orgânica e inorgânica que teve uma atividade explosiva nos últimos trinta anos. A Ilustração 46.4 (esquerda) mostra uma molécula organometálica, feita por meu colega de Cornell, Peter Wolczanski, e colaboradores. Ela tem uma unidade de C_2 ligando simplesmente dois tântalos, cada um dos quais com uma volumosa ramificação molecular (nem toda mostrada aqui) ao seu redor.[4] A Ilustração 46.4 (direita) mostra outra molécula organometálica, feita pelo grupo de Michael Bruce em Adelaide, Austrália. Ela tem quatro rutênios que se concentram ao redor de um C_2.[5]

46.4 O composto à esquerda é $[(t-Bu_3SiO)_3Ta]_2C_2$, $t-Bu = C(CH_3)_3$; o da esquerda é $Ru_4(C_2)(PPh_2)_2(CO)_{12}$, $Ph = C_6H_5$.

Atravessemos a ponte para a química inorgânica, distinção que para alguns parece ter sua importância. Uma equipe de Milão, Itália,

---

[4] LAPOINTE, R. E.; WOLCZANSKI, P. T.; MITCHELL, J. F. "Carbon Monoxide Cleavage by $(silox)_3Ta$ $(silox = t-Bu_3SiO^-)$", *Journal of the American Chemical Society* 108, 1986:6382-84. Este não é o único complexo simples de L_nMCCML_n. A Ilustração 46.4 à esquerda foi adaptada com permissão dessa referência. Copyright © 1986, American Chemical Society.

[5] BRUCE, M. L; SNOW, M. R.; TIEKINK, E. R. T.; WILLIAMS, M. L. "The First Example of a... Acetylide Dianion", *Journal of the Chemical Society, Chemical Communications*, 1986:701-2. Ver também ADAMS, C. J.; BRUCE, M. I.; SKELTON, B. W.; WHITE, A. H. "Construction of Unusual Metal Clusters Using Dicarbon (C_2) as a Collar", ibidem, 1993:446-50.

foi prolífica em fazer clusters metálicos. Na Ilustração 46.5, vemos um desses clusters: sete cobaltos, três níqueis, muitos monóxidos de carbono ao redor – e bem no meio da gaiola está um C_2, com um comprimento de ligação mediano de 1,34 Å.[6]

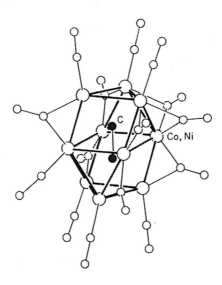

46.5 O cluster $CO_3Ni_7C_2(CO)_{15}^{3-}$.

Se acender uma vez uma lâmpada de carbureto, você nunca mais se esquecerá do cheiro do acetileno úmido. A Ilustração 46.6 mostra a estrutura do carbureto de cálcio, CaC_2. A Union Carbide começou fazendo esta molécula. Ao se adicionar água, ela produz acetileno, que queima na lâmpada de carbureto.

Chama-se carbureto de cálcio uma estrutura prolongada, um sólido cristalino. É composto de unidades atômicas ou moleculares que caminham regularmente na direção do infinito (ou a meio caminho de lá). As unidades de C_2 que se veem tão claramente nessa estrutura têm um comprimento de ligação muito curto, de 1,19 Å.

---

[6] LONGONI, G.; CERIOTTI, A.; DELLA PERGOLA, R.; MANASSERO, M.; PEREGO, M.; PIRO, G.; SANSONI, M. "Iron, Cobalt, and Nickel Carbide-Carbonyl Clusters by CO Scission", *Proceedings of the Royal Society of London*, ser. A, 308,1982:47-57.

Passemos agora da química inorgânica para a química do estado sólido. O estado sólido abrange uma ampla variedade de compostos químicos, sobretudo inorgânicos. Inclui minerais, catalisadores, supercondutores de alta temperatura, metais, magnetos, ligas, vidros, cerâmicas e muito mais.

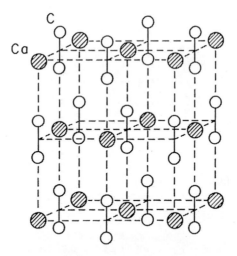

46.6 A estrutura do carbureto de cálcio.

Eis aqui outra estrutura típica de estado sólido, feita pela equipe de Arndt Simon, em Stuttgart. $Gd_{10}C_6Cl_{17}$ é o tipo de estrutura que não ousaríamos mostrar para o estudante novato em química;

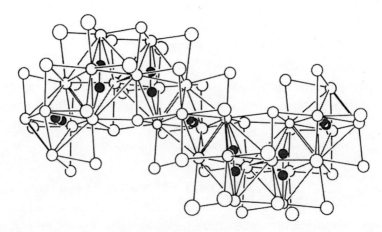

46.7 A estrutura do $Gd_{10}C_6Cl_{17}$.

gostamos de blindar os novatos contra essa bela complexidade (Ilustração 46.7).[7] A molécula contém nada menos do que sete octaedros de gadolínio, rodeado por cloretos variados. Dentro de cada um dos octaedros reside uma unidade de C_2!

Examinemos mais uma estrutura. Quando são postas moléculas orgânicas sobre superfícies metálicas limpas, com frequência elas se partem em pedaços. Isso não é tão ruim como parece, pois são em seguida rearticuladas para formarem outras moléculas; as superfícies metálicas muitas vezes agem exatamente dessa maneira, como importantes catalisadores comerciais. Sobre determinada superfície de prata, Robert Madix e seus colaboradores de Stanford descobriram que o acetileno, C_2H_2, se decompõe exatamente em uma unidade de nosso amigo C_2, que então se assenta sobre a superfície, como é mostrado na Ilustração 46.8.[8]

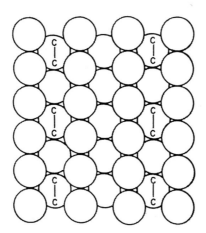

46.8 Estrutura sugerida para o C_2 sobre uma superfície de prata.

---

[7] SIMON, A.; WARKENTINM, E. "$Gd_{12}C_6I_{17}$ – A Compound with Condensed, C_2-Containing Clusters", *Zeitschrift für Anorganische und Allgemeine Chemie*, 497, 1983:79.

[8] BARTEAU, M. A; MADIX, R. J. "Acetylenic Complex Formation and Displacement via Acid-Base Reactions on Ag(110)", *Surface Science* 115, 1982:355-81,1982; STEVENS, P. A.; UPTON, T. H.; STÖHR, J.; MADIX, R. J. "Chemisorption-Induced Changes in the X-Ray-Absorption Fine Structure of Adsorbed Species", *Physical Reviews Letters* 67, 1991:1653-6.

Na Ilustração 46.9, redesenhei todas essas moléculas em um cubo, centrado pelo C_2. Ora, essas estruturas vêm de diferentes partes da empresa molecular: química física, teórica, orgânica, organometálica, inorgânica, do estado sólido e de superfície.

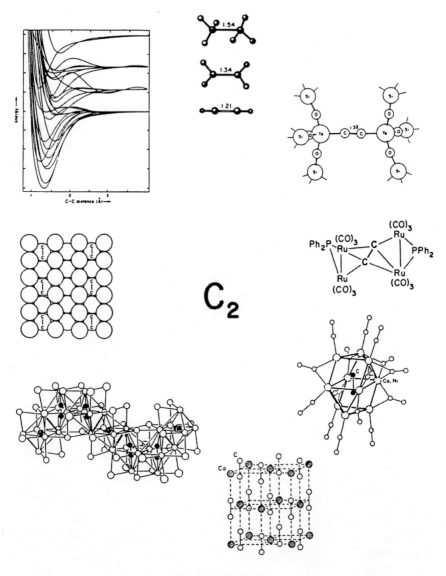

46.9 A roda do C_2.

Acho que o que a natureza nos está dizendo, do modo mais claro possível, com essa riqueza assombrosa, é:

> Vocês (inclusive as mulheres, que atualmente compõem 23% dos doutorados em química nos Estados Unidos)[9] podem dividir a química como quiserem, mas eu lhes digo que o mundo é uno. Há unidades moleculares de C_2 em cada uma dessas estruturas, compondo uma dança de distâncias variáveis.

Acho isso bonito.

---

[9] Segundo a investigação sobre doutorados obtidos do National Research Council, 1991, Washington, D.C.

Décima Parte

Dualidades vivificantes

47. A Criação é um Trabalho Duro

Quais são as tensões que vimos na química? Primeiro e principalmente, há a questão da identidade, de *ser o mesmo e o não mesmo*. Aprendemos a discernir moléculas que diferem apenas em pormenores finamente sutis — por exemplo, serem imagens especulares umas das outras. Com toda a intricada complexidade do bom teatro, os químicos escreveram algumas cenas para uma velha estratégia introduzida primeiro pela evolução, o mimetismo molecular. E projetaram algumas espetaculares drogas que salvam vidas. Que é você? Quem é você?

A *síntese* é a parceira da *análise* na química. Eu diria, na verdade, que a síntese merece a primazia (se alguém estivesse propenso a fazer tal atribuição) como a mais química das atividades químicas. A análise (o que Döbereiner ensinou a Goethe) é comum a outras ciências. É o método científico de trabalho. Mas a química é única, pois é central para ela fazer coisas, tanto quanto distingui-las. Os filósofos reducionistas têm dado muito pouca atenção a como funciona esse procedimento autenticamente químico, a síntese.

Criação e descoberta estão muito bem equilibradas na química. E intimamente ligadas ao tema da síntese e da análise. Os químicos criam (sujeitos a regras que ainda estamos descobrindo) novas moléculas. Criamos não apenas novas moléculas, mas novas maneiras de certo modo, novas regras — de fazê-las. O intrigante com respeito à criação é ser uma prática tão intelectual e tão pé no chão. A criação é mesmo um trabalho duro.

Porque a molécula é central para a química e porque a molécula é, em média, um agregado de átomos de geometria fixa, a *estrutura e sua representação* é outro de nossos contínuos. Poderíamos identificar a luta a ela relacionada como a do *ideal* contra o *real* — ou então concentrar-nos, como fiz, no leque de representações dos signos químicos. Estes são em parte icônicos (parecidos com o que representam), em parte simbólicos (em que a única ligação é convencional, por acordo mútuo, sobre um signo carente de conteúdo figurativo).

O fato de essa estrutura molecular ter de ser representada leva muito naturalmente ao assunto seguinte por mim discutido, a natureza do artigo químico. Esse método de comunicação aparentemente enfadonho, ossificado e ritual é cheio de tensões entre o que é *revelado* e o que é *ocultado*, entre o modo de expressão (*desapaixonado*) e a intenção (retórica *apaixonada*). Os químicos trabalham com o artigo, comunicando assim informações confiáveis e construindo reputações. Até mesmo um bom estilo é possível (o que é inacreditável, dada à limitada palheta literária permitida).

Voltando à síntese, a ação química arquetípica, é fácil ver como a dicotomia *natural/inatural* ergue sua cabeça. Fazemos no laboratório moléculas imensamente complicadas que ocorrem nos organismos biológicos. E também sintetizamos moléculas (como o cubano) aparentemente muito simples, mas diabolicamente difíceis de se fazer. A química estabelece uma ponte entre o intervalo natural/inatural, ou, melhor dizendo, subverte-o a todo momento. Nossa psicologia luta, porém, por uma série de razões, umas "boas", outras "más", para manter a separação entre o natural e o artificial. Os químicos têm de ter sensibilidade para isso.

Depois da análise e da síntese, a atividade química mais típica (que amplia a curiosidade humana e se mistura com o que motiva a história e a psicologia) é o *estudo de mecanismos*. Como ocorreu (ocorre) essa reação? Quando bem-sucedida, a elucidação do mecanismo de uma reação química é o modo científico de descoberta no que tem de melhor — exceto que ela nem sempre funciona de acordo com o modelo de manual, e fatores psicológicos intervêm.

Estático e dinâmico é outra tensão subjacente à ciência molecular. O ar pode parecer calmo, mas na realidade é uma louca pista de dança tridimensional, em que moléculas solitárias viajam à velocidade do som, mas não vão muito longe antes de colidirem com outras. Dessas colisões vem a reatividade química e outra situação aparentemente estática, o equilíbrio. Essa compensação absolutamente natural baseia-se no movimento frenético dos reagentes para os produtos e dos produtos para os reagentes. O equilíbrio químico também se caracteriza por uma resistência macroscópica, quase vital, às nossas perturbações egoístas.

Na vida de um único grande químico, Fritz Haber, podemos ver representadas muitas das tensões criativas da química. Haber movia-se entre as químicas industrial e acadêmica. Descobriu um processo de síntese (do amoníaco) em uma escala sem precedentes, valendo-se de seu conhecimento do mecanismo da reação. Ele fracassou em outro ponto alquímico de sua vida, em razão de uma análise defeituosa. Também fracassou, dessa vez moralmente, em outro ponto, ao pôr sua capacidade criativa química a serviço de uma cruel inovação militar (mas militarmente ineficaz) — o gás venenoso. E o mundo ao seu redor mudou, e assim sua identidade foi submetida a exame Haber já não era o mesmo, um bom alemão. Em 1933, tornou-se o que sentia não ser, um judeu.

Utilidade e nocividade — para os químicos individuais, para nossos concidadãos, para o mundo que deixaremos para outros — é outro eixo ao longo do qual qualquer atividade química deve ser examinada. Fiz isso com Haber, fazendo juízos com que nem todos hão de concordar. As preocupações com o meio ambiente tornam imperativo que os químicos vejam o mundo não no branco-e-preto da suposta razão, mas também com simpatia pelas preocupações morais e psicológicas que nos atingem a todos. Curiosamente, as pessoas muitas vezes se interessam pela química por razões que derivam dos mesmos fatores psicológicos que as fazem temer, de modo aparentemente irracional, as catástrofes tecnológicas. E qualquer molécula (por exemplo, o ozônio, o óxido nítrico ou a morfina) podem ser tanto Dr. Jekyll quanto Mr. Hyde.

A dicotomia final está embutida na natureza dos próprios cientistas, e não só dos químicos. É que estamos fadados a agir, o que significa criar. As consequências dessa criação podem ser boas ou más. Não é fácil ser um cientista socialmente responsável. Mas nunca é fácil ser humano.

48. O Que Ficou Faltando

Há várias dualidades importantes de que mal falei neste livro. Uma delas é o que Thomas Kuhn chama "tensão essencial" entre o trabalho paradigmático (chamemo-lo rotina produtiva) e a revolução.[1] Ansiosos como sempre estamos por vivenciar nossos mitos, a imagem popular do cientista é a de um inovador irredutível, sempre aberto a novas ideias. Kuhn defende convincentemente a aceitação, e até a valorização, da realidade, muito diferente, de que a maior parte da ciência é, e deve ser, paradigmática. Diz ele:

> O cientista produtivo deve ser um tradicionalista que goste de jogar jogos complicados, com regras preestabelecidas, para ser um inovador bem-sucedido que descubra novas regras e novas peças com que jogá-los.[2]

---

[1] Ver KUHN, T. S. *The Essential Tension*. Chicago: University of Chicago Press, 1977, cap. 9.
[2] Ibidem, p.237.

A síntese orgânica é um excelente exemplo do desenrolar-se da tensão essencial de Kuhn. Velhas reações são tentadas; algumas funcionam, outras não. Assim, tendo como meta a criação de uma molécula nunca antes feita, se descobrem novas reações, que logo se tornam parte do repertório padrão do químico orgânico.

Outra tensão que deixei em boa medida inexplorada é a que existe entre a *confiança* e a *desconfiança*. Lembram-se de todas aquelas referências presentes nos artigos científicos? Algumas servem só de ornamento, com certeza. Mas a maioria é sinal de confiança, dependência do que veio antes, talvez uma lista parcial dos gigantes sobre cujos ombros nos erguemos.[3] Essas referências são a base de uma indústria da informação e de uma ferramenta "cientométrica" – o índice de citações.[4] E são a fonte mais direta da satisfação que os cientistas sentem no trabalho. Não há sensação melhor do que ver seu trabalho amplamente citado por pessoas que você *não* conhece.

As referências, sobretudo a fatos conhecidos e metodologias, refletem um grande grau de confiança no que foi publicado antes. Mas essa confiança vem sempre com uma pitada de desconfiança. Assim, o químico que compra CH_3CD_3 encontrará um meio de analisá-lo antes de usar em uma experiência crucial o etano etiquetado. A reprodutibilidade de que se gaba a ciência recebe uma verdadeira surra no laboratório de química. Eis o que diz um importante químico da atualidade, Robert G. Bergman:

> Meu interesse em pesquisa é o estudo dos mecanismos de reação – descobrir como as reações químicas funcionam. Para tanto, normalmente precisamos sintetizar componentes específicos cujas moléculas tenham características estruturais deliberadamente escolhidas. É, pois, comum que uma pessoa de meu grupo de pesquisa inicie um novo projeto repetindo (ou tentando repetir) uma preparação presente na literatura de um composto orgânico ou organometálico cuja síntese tenha sido

---

[3] MERTON R. K. *On the Shoulders of Giants: A Shandean Postscript.* Nova York: Harcourt Brace and World, 1965.
[4] GARFIELD, E. *Citation Indexing: Its Theory and Application Science, Technology, and Humanities.* Nova York: Wiley, 1979.

publicada na literatura, e em seguida utilizando esse material numa nova transformação química.

O fato assustador é que quase a metade dos procedimentos sintéticos da literatura que tentamos repetir falha de uma ou de outra maneira – ou seja, não podem ser executados, para produzir o produto pretendido, se seguirmos apenas as diretrizes descritas no artigo publicado. Uma parte razoável dessas "receitas" *pode* ser reproduzida após modificações ou discussões com o autor inicial. Algumas, porém, não podem ser repetidas em nossas mãos, por mais que nos esforcemos.[5]

Essa falta de reprodutibilidade certamente não se limita ao grupo de Bergman. Ele prossegue citando a evidência corroboradora de duas revistas que publicam sínteses deliberadamente verificadas antes da publicação.

Todos nós trabalhamos nessa às vezes tensa fronteira entre a confiança e a desconfiança. Incrivelmente, o sistema funciona muito bem.

Também deixei de examinar uma dualidade inerente não só à química, mas à maior parte das ciências, que é *observação* versus *intervenção*. A problemática, nesse caso, assume várias formas, desde o princípio de incerteza de Heisenberg até a diferença entre estudos biológicos *in vivo* e *in vitro*. No nível subatômico, observação é intervenção; as energias envolvidas no ato de observação podem perturbar o que está sendo observado – esse é o princípio de incerteza de Heisenberg. Na química, intervenção e observação estão intricadamente ligadas; a observação (por exemplo, uma nova reação descoberta por sorte) é quase de imediato seguida da intervenção (uma tentativa de aperfeiçoar a reação mudando-se as condições ou de modificá-la).[6]

---

[5] BERGMAN, R. G. "Values in Science", conferência ministrada na Universidade de Toledo, 20 de maio de 1987 (e comunicação particular). Publicada em forma de revista como "Irreproducibility in the Scientific Literature: How Often Do Scientists Tell the Truth and Nothing But the Truth?", *Perspectives* 8, n.2, 1989:2-3.

[6] Para uma ulterior discussão sobre as ramificações desta dualidade, ver HACKING, I. *Representing and Intervening*. Cambridge: Cambridge University Press, 1983.

Outra dualidade é *puro/impuro*, crucial para a questão da identidade das substâncias químicas. Como foi observado anteriormente, nada é puro — e há boas razões para isso, que têm a ver com a entropia e a evolução. É fascinante a luta para se definir a identidade aproximada de duas misturas quase puras (como o é o aparente confronto entre a aceitação por parte da química do impuro como natural e a aspiração religiosa, proclamada alto e bom som, pela bondade moral da pureza).[7]

Há ainda outras dualidades que poderíamos ter analisado. Gerald Holton escreveu sobre os *themata* da ciência. São eles categorias intelectuais ou modos de pensar sobre qualquer parte específica da ciência. Podem ser pensados como eixos. Holton demonstra que tais *themata* são recorrentes no trabalho de diversos cientistas, que certa perspectiva sobre a ciência, tal como definida pelo ponto do eixo em que se escolhe ficar, é determinada cedo e depois firmemente mantida por muitos cientistas.[8] E outros. Entre os *themata* de Holton temos:

    análise — síntese
    constância — mudança
    muitos — um
    complexidade — simplicidade
    partes — todo
    matemática — modelos materialistas
    desagregação — agregação
    representação — realidade
    reducionismo — holismo
    descontinuidade — contínuo
    desmembramento — unificação
    diferenciação — integração

---

[7] Ver HOFFMANN, R.; LEIBOWITZ, S. "Pure/Impure", *New England Review* 16, n.1, inverno de 1994:41-64.

[8] Ver HOLTON, G. *Thematic Origins of Scientific Thought*, ed. rev. Cambridge: Harvard University Press, 1988, especialmente a introdução; HOLTON, G. *The Advancement of Science, and Its Burdens*. Cambridge: Cambridge University Press, 1986, especialmente o cap. 1; HOLTON, G. "On the Role of Themata in Scientific Thought", *Science* 188, 25 de abril de 1975:328-34; HOLTON, G.

É evidente que algumas dessas dualidades são exatamente as mesmas que examinei. Outras serviriam como úteis pontos de partida, tão bons quanto alguns que escolhi.[9]

Henning Hopf, um observador perspicaz das ciências humanas e químicas, também observou que certas oposições têm uma história venerável na química. Não há contraste mais seminal para os químicos (e mais difícil de se quantificar em suas múltiplas manifestações) do que entre o ácido e a base. Polaridades de atração *versus* repulsão, moleza *versus* dureza (de ácidos e bases), eletrofilicidade *versus* nucleofilicidade, ligação covalente versus iônica – tudo isso definiu o discurso da química neste século. Trata-se de conceitos técnicos, sem dúvida. Mas apontam para diferenças que têm fascinado os químicos.

The Scientific Imagination: Case Studies (Cambridge: Cambridge University Press, 1978), cap. 4; HOLTON, G. "Analisi/sintesi", em *Enciclopedia*, v.1, *Abaco-Astronomia*. Turim: Einaudi, 1977, p.3-33. Ver também MERTON, R. K. "Thematic Analysis in Science: Notes on Holton's Concept", *Science* 188, 25 de abril de 1975:335-8.

[9] As oposições e as polaridades apareceram como uma metodologia analítica no trabalho de muita gente. Entre as principais referências temos: FLANNERY, M. G., "Biology Is Beautiful", *Perspectives in Biology and Medicine* 35, n.3, 1992:422-35; o exame da simplicidade e da complexidade feito por FRUTON, J. S. *A Skeptical Biochemist*. Cambridge: Harvard University Press, 1992, cap. 3; TAYLOR, K. *The Logic of Limits*. Cambridge, Reino Unido: Haslingfield Press, 1992. Crystal Woodward, em uma fascinante mas ainda não publicada análise da arte e da criatividade de R. B. Woodward, vê dualidades como planejamento/flexibilidade, predição/inesperado, teoria/experiência, pensamento/tangível e síntese orientada por metas/achados felizes como tendo uma participação importante no trabalho desse eminente químico. Ver WOODWARD, C. "Art and Elegance in the Synthesis of Organic Compounds: Robert Burns Woodward", em WALLACE, D. B.; GRUBER H. E. (Orgs.). *Creative People at Work: Twelve Case Studies*. Nova York: Oxford University Press, 1989; WOODWARD, C. "Le rôle du plaisir esthétique ou l'art dans la chimie organique dans l'oeuvre de R. B. Woodward", *L'Actualité Chimique*, dez. de 1993:63-70.

49. Um Atributo do Diabo

é o que Wolfgang Pauli chamava dicotomizar.[1] É fácil demais — e tedioso, em última instância. Mas há uma diferença entre apenas enumerar qualidades opostas (bem/mal, simetria/assimetria) e lidar com a tensa síntese de opostos que torna interessante a vida. Assim, nem os homens nem as mulheres são exclusivamente bons ou maus; e se encontrarmos a beleza, será certamente no limite em que a simetria e a assimetria se combatem.

Há uma perspectiva filosófica que parece (superficialmente, pelo menos) próxima do caminho que percorri ao analisar a química — a dialética hegeliana. Hegel propôs um modo de argumentação que era também uma receita para entender. Para qualquer tese há uma antítese. Da luta entre as duas se desenvolve uma síntese (não conseguimos livrar-nos desta palavra!).[2]

---

[1] A citação de Pauli foi extraída de HOLTON, G. *The Scientific Imagination*, p.148-9.
[2] Para uma introdução a Hegel, ver BEISER, F. C. (Org.). *The Cambridge Companion to Hegel*. Cambridge: Cambridge University Press, 1993, em especial o capítulo de FORSTER, M., "Hegel's Dialectical Method", p.130-70.

Um método de polaridades ou dualidades decerto tem uma dinâmica que se assemelha ao funcionamento da dialética de Hegel. Mas acho que minha abordagem na consideração da química ultrapassa o dualismo, de duas maneiras. Primeiro, o fato químico, ou o ato do químico na obtenção desse fato, é um ato de equilíbrio sobre o eixo polar – um compromisso diferente para cada molécula e para cada pessoa que faz essa molécula. Segundo, não há nenhuma tese ou antítese única real, mas antes uma perspectiva múltipla, se não cubista pelo menos multidimensional.[3] Uma molécula pode ser semelhante a outra, nociva ou benéfica, descoberta ou criada, estar em repouso ou em rápida movimentação. Mas, sob certas condições, também pode ser tudo isso ao mesmo tempo!

Por que oposição? Acho que não há muita escolha além de concentrarmo-nos nas polaridades para descrevermos uma atividade *humana* viva e cambiante como a química. Eis aqui o que Emily Grosholz, poeta e filósofo, diz em seu notável ensaio sobre a natureza e a cultura em dois livros de W. E. B. Du Bois:

> Os esquemas metafísicos que atribuem realidade ao desenvolvimento devem exibir a estrutura da realidade em termos de mudanças possíveis; mudança exige diferença, e a diferença assume a forma de oposições binárias em nossa linguagem e em nosso pensamento. As veneráveis oposições binárias da metafísica são parte da sabedoria humana; com toda sua indeterminação, elas significam algo fundamental e inevitável.[4]

As oposições por mim escolhidas refletem a *vida* da química. E ganham força pelas associações subconscientes que fazemos da ciência e da psicologia individual.

---

[3] Existem epistemologias "polipolares", das quais uma das mais intrigantes é a de Mallarmé, baseada no paradoxo. Ver COHN, R. G. *Modes of Art*, Stanford French and Italian Studies, n.1, Saratoga, Califórnia: Anma Libri, 1975, especialmente o cap. I.

[4] GROSHOLZ, E. R. "Nature and Culture in *The Souls of Black Folk* e *The Quest of the Silver Fleece*", no prelo.

Não é acidental, acho eu, que exista em nós uma atração especial, uma sensação arquetípica, exercida pela clássica dualidade de "O estranho caso do Dr. Jekyll e do Sr. Hyde" (1886) de Robert Louis Stevenson. Oculta na história da identidade está também uma crucial dualidade química:

> Minha provisão de sal, nunca renovada desde a data da primeira experiência, começou a rarear. Encomendei um novo suprimento e misturei a poção; seguiu-se uma ebulição, e a primeira mudança de cor, não a segunda; bebi, e não teve efeito. Você saberá por Poole como vasculhei Londres; foi em vão; e agora estou convencido de que minha primeira provisão era impura e de que foi essa impureza desconhecida que deu eficácia à poção.[5]

49.1 "E enquanto olhava aconteceu, acho eu, uma mudança..." Ilustração de William Hole para "O estranho caso do Dr. Jekyll e Mr. Hyde" de Robert Louis Stevenson. (Fotos do arquivo.)

---

[5] STEVENSON, R. L. *Dr. Jekyll and Mr. Hyde, the Merry Men and Other Tales*. Londres: J.M. Dent, 1925, p.61. Um artigo de David Jones fez-me lembrar desse episódio.

Avner Treinin, um dos principais poetas de Israel, é também um distinto químico físico. Em um ensaio intitulado "Em louvor das dualidades", escreve:

> Mas provavelmente a mais forte origem de minha atração pela ciência e pela poesia foram não as semelhanças entre elas, mas as dessemelhanças, e até as contradições: ver a mesma coisa de duas perspectivas aparentemente opostas e sentir a crescente tensão entre as duas.
> Há algo estranho em nossa atitude diante das contradições. Desde a infância nos dizem para evitá-las, para sermos coerentes, ao passo que a nossa experiência como um todo nos ensina não só que somos soluções concentradas de contradições, mas também que sem elas nada poderia existir. Essencialmente, é isto a dialética. O próprio átomo, o bloco de montar de toda matéria, é composto de cargas positivas e negativas, e tudo o que flui (água, eletricidade, os impulsos em meu cérebro que agora estão compondo esta sentença) flui entre polos opostos, ou seja, através de um gradiente de potencial. A física moderna, aliás, ensinamos que o único jeito de entender a realidade (se é que se pode chamar isso de entender) é usar duas imagens contraditórias que se complementem reciprocamente: partícula e ondas, ou massa e energia...
> Não é, pois, de admirar que se descubra que as imagens poética e científica podem complementar-se, dando-nos algum sentido e essência de nossa existência, e que ao unir as duas imagens se pode gerar uma potente centelha na mente?
> Como sabe todo físico-químico que lida com fenômenos de superfície, as coisas importantes acontecem nas fronteiras entre as coisas, onde algo acaba e algo começa, como a tensão criada entre polos adjacentes, entre corpo e alma, conteúdo e forma, partículas e ondas, número e sentimento. É na superfície de contato entre dois meios diferentes que a luz se reflete, refrata, converge, estimula o nervo óptico, forma a imagem – e nós vemos. Em seus cadernos de notas, Leonardo da Vinci ensina aos alunos como pintar o Dilúvio. Após mencionar muitos de seus horrores, como barcos estilhaçados, rebanhos de cordeiros apedrejados, granizos, raios, redemoinhos, cadáveres em putrefação etc., acrescenta ele: "E se as pesadas massas de destroços de grandes montanhas ou de outros grandes edifícios caírem nos amplos poços de água, uma grande

quantidade será lançada ao ar e seu movimento seguirá a direção contrária à do objeto que atingiu a água, ou seja: o ângulo de reflexão será igual ao ângulo de incidência". Eis aqui o confronto entre a "fria" lei física da reflexão (a igualdade dos ângulos) e a emocionalíssima descrição da morte e da destruição, entre o concreto e o abstrato, o geral e o particular, o reprodutível e o irreprodutível, entre a ordem e o caos entre a ciência e a poesia. Trata-se de um confronto muito intenso, que sacode com força a alma. Se não existissem dualidades, deveríamos inventá-las, contanto que conseguíssemos fazê-lo sem nenhuma dualidade com que começar. Esta é provavelmente a razão pela qual Deus dividiu Adão em dois polos opostos. Queria que ele se movesse, estivesse vivo.[6]

E em um contexto totalmente diferente, a antropóloga Kathryn S. March conclui da seguinte maneira um artigo sobre "Tecer, escrever e gênero" em que discute como a tecelagem e a escrita budista moldam e são moldadas pelo gênero entre os Tamangs (um grupo de origem tibetana do norte do Nepal):

> O gênero como sistema simbólico representa especificamente este mesmo problema ou paradoxo, na verdade, uma antinomia: representar as coisas que são e não são as mesmas; coisas que poderiam ser as mesmas se não fossem interpretadas de perspectivas opostas; perspectivas que aparecem como opostas porque surgem quando mulheres e homens consideram a lógica de gênero da posição uns dos outros; homens e mulheres que, ao considerarem uns aos outros, enfrentam as muitas maneiras com que são e não são o mesmo.[7]

---

[6] TREININ, A. "In Praise of Dualities", *Scopus* 40,1990:54-6.
[7] MARCH, K. S. "Weaving, Writing, and Gender", *Man (N.S.)* 18, 1983:729-44.

50. Tensão Química, Cheia de Vida?

Que é, então, a química? É apenas a ciência que só notamos quando um caminhão-tanque de benzeno tomba no rio e a cidade deve ser evacuada? Cuja manifestação mais entusiasmante são os fogos de artifício do feriado de 4 de julho? Ou será que essa ciência pode de fato ser animada *e* intelectualmente profunda?

Ou será que o que fiz foi só um dispositivo estrutural, um truque? Tomemos tudo o que é aparentemente enfadonho neste mundo, digamos, um dia em uma empresa interiorana de contabilidade ou um dia de trabalho duro cortando cana-de-açúcar em Cuba. Vigie os limites que moldam o meio, polarize, dicotomize, desconstrua toda a existência tranquila como uma luta precária. Se você for bastante convincente, poderá criar tensão onde nenhuma havia antes.

Não julgo ter provocado uma tempestade de Potemkin. Antes de haver ciência, o milagre das mudanças das substâncias (atualmente diríamos "reação das moléculas") provocava uma fortíssima impressão na imaginação humana. Refiro-me à alquimia, uma atividade intercultural em que a filosofia da mudança se unia à protoquímica (reconhecidamente com algum charlatanismo misturado). Os químicos gostariam de esquecer a filosofia esotérica, conservar a protoquímica e rir do charlatanismo. Mas todos esses aspectos estavam firmemente unidos uns aos outros.

A razão pela qual a alquimia se apoderou das faculdades imaginativas das pessoas durante séculos e em diferentes culturas é que ela tocava em algo profundo. A mudança (e a estabilidade) é física e psíquica; justaponha duas quaisquer manifestações de mudança, e uma imediatamente se torna uma metáfora da outra.[1]

O romance de Goethe, *Afinidades eletivas*, foi mencionado várias vezes neste livro. Por boas razões. Pois é uma das poucas obras literárias bem-sucedidas cujo tema é tirado de uma teoria química. A ideia

50.1 Fogos de artifício, uma arte eminentemente química. O vermelho vem dos sais de estrôncio, cálcio e lítio; o azul vem dos sais de cobre; o branco, do magnésio e do alumínio metálicos; o dourado, da lima lha de ferro; o verde, dos sais de bário. (Foto de Sepp Dietrich, Tony Stone Images.)

---

[1] Pode-se encontrar uma fascinante perspectiva sobre a alquimia em Eliade, M. *The Forge and the Crucible*.

50.2 Ilustração alquímica, extraída de Basil Valentine, *The Twelve Keys: The Hermetic Museum* [As doze chaves: o museu hermético], 1678.

de afinidades eletivas – uma teoria logo superada – era a de que certas entidades químicas (diríamos hoje fragmentos moleculares) possuem umas com as outras uma afinidade especial, definível e química. E, no entanto, Goethe sabia que fizera mais do que vestir uma teoria química com uma bela linguagem. Em um anúncio em *Cottas Morgenblatt*, um jornal da época, explicou que o título do livro era uma metáfora química cuja "Origem Espiritual" seria demonstrada pelo romance.[2]

Acho que a química é interessante para aqueles que a praticam com afinco e para quem a usa (ou dela abusa) sem ser químico porque suas atividades são paralelas a profundas avenidas presentes em

---

[2] HOLLINGDALE, R. J. no prefácio à sua tradução das *Afinidades eletivas* de Goethe, p.14. Ver também PÖRKSEN U. *Deutsche Naturwissenschaftssprachen*. Tübingen: Narr, 1986, p.97-125.

nossa psique[3] — que prefiro ver não como uma árvore repleta de ramos de neurônios, moldada pela genética e pela experiência (e pelo acaso), mas como um volume multidimensional completamente interconectado. No qual cada fato (uma molécula, um verso de um poema) tem uma história, um contexto, sem dúvida. Mas ele só ganha vida se pensarmos a molécula (ou o poema) como suspenso sim, de maneira tensa — em um espaço definido por diferentes temas ou oposições.

Em uma metáfora imperfeita, imaginemos os temas como uma luz de diferentes comprimentos de onda. Ou como eixos coordenados, não muito lineares, em um espaço multidimensional. Acendo a luz da identidade, do mesmo e do não mesmo, e vejo o cubano como diferente de outras moléculas C_8H_8, muitas das quais já foram sintetizadas. Sintonizo a radiação de cooperação e competitividade, e à minha frente aparece a imagem do professor assistente de Harvard que me inspirou a fazer um cálculo excessivamente simplista sobre o cubano, um homem que dedicou anos a fazer a molécula e fracassou. Se tivesse sido bem-sucedido, teria sido promovido. Olho para o cubano sob a luz multicolorida da utilidade e da responsabilidade, e penso em se deveria preocupar-nos o fato de parte do trabalho sobre ele ser financiado por agências militares de pesquisa, ou de ter sido descoberto que um derivado dele apresenta atividade antiviral, de que a molécula deformada pode ser usada como material de armazenamento de energia solar.

As diversas maneiras pelas quais uma molécula é examinada, quando recai não em uma mas em várias escalas de polaridade, tornam essa molécula inerentemente *interessante*. As perguntas que fazemos à molécula tocam silenciosamente — sem que às vezes o saibamos — em perguntas vitais que deveríamos fazer a nós mesmos.

---

[3] Sobre a significação psicológica da alquimia, ver JUNG. C. G. *Psychology and Alchemy*, trad. inglesa de HULL. R. F. C. Londres: Routledge. 1953. Para uma introdução à obra de Jung, ver STORR, A. *Jung*. Nova York: Routledge. 1991.

51. Quíron

Nada menos do que quatro dos signos do Zodíaco são dualistas: Gêmeos, Libra, Peixes e Sagitário. Prefiro ver as constelações não como um vestígio das eras de trevas, mas como um indicador atemporal dessa irreprimível qualidade da alma humana que levou enfim à ciência – a curiosidade e a busca de padrões.

Sagitário é um centauro. O meu predileto entre essas criaturas meio-homem, meio-cavalo do mito grego é Quíron. Era filho de Crono (o pai de Zeus) e Filira, a filha de Oceano.[1] O imortal Quíron era sábio e gentil. Em sua caverna no Monte Pélion ensinou as artes curativas a Asclépio, e a Aquiles as habilidades para montar, caçar e tocar flauta. Foi mestre de Diomedes, que se tornou o Jasão dos Argonautas, foi mestre de Enéas. O professor que há em mim gosta desse professor.

---

[1] GRAVES, R. *The Greek Myths*. Baltimore: Penguin, 1958. 151.g. Dizem alguns que Quíron era descendente de Néfele e Ixião (uma pedra no sapato de Zeus), ibidem, p.53. As informações mitológicas deste capítulo vêm dessa fonte.

As boas ações (e nenhum mito testemunha em contrário) não deram a Quíron uma velhice feliz. Espectador de uma típica briga de centauros que nada tinha a ver com ele, foi ferido por uma seta envenenada (fico pensando qual seria o veneno) disparada por seu amigo Héracles. O grande centauro gritou de dor, mas não pôde morrer, pois era imortal. Zeus, por fim, concedeu-lhe a paz, no processo referente a uma significativa conjunção do sábio centauro, mestre de deuses e homens, e o rebelde Titã, Prometeu, que deu o fogo à humanidade. Fala Prometeu nas palavras de Ésquilo:

> Ouça que todos os mortais sofriam,
> quando eram tolos. Dei-lhes o poder de pensar.
> Por mim ganharam suas mentes...
> Vendo, não veem, nem ouvindo ouvem.
> Como em sonhos levam a vida a esmo...
> De mim aprenderam as estrelas que lhes dizem as estações,
> Seu nascer e seu pôr-se, difíceis de marcar.
> E o número, o mais excelente dispositivo,
> Ensinei-lhes, e letras unidas em palavras.
> Dei-lhes a mãe de todas as artes,
> A laboriosa memória.[2]

Por isso Prometeu foi punido, por nos ensinar a ver. Foi acorrentado a um pico do Cáucaso, com uma águia "banqueteando-se em fúria com o fígado enegrecido" do Titã, cujo nome significa "previdente".

Hermes, o mensageiro de Zeus, diz a Prometeu:

> Não esperes fim para essa agonia
> Até um deus sofrer livremente por ti
> Assumir tua dor, e em teu lugar
> Descer para onde o sol se torna escuridão,
> As negras profundezas da morte.[3]

---

[2] Ésquilo, *Prometheus Bound*, trad. inglesa de Edith Hamilton em *Three Greek Plays*. Nova York: Norton, 1975, p.115.
[3] Ibidem, p.141.

51.1 *O centauro Quíron a instruir Aquiles*, de Jean-Baptiste Regnault, 1782. Da coleção do Louvre. Reproduzido com permissão.

Era Quíron que estava disposto a morrer por Prometeu. E em uma das maiores perdas que sinto termos sofrido, a narrativa da posterior reconciliação de Prometeu com Zeus, na última parte da grande trilogia de Ésquilo, não chegou até nós.

Assim cruzaram-se os destinos de Prometeu e Quíron. O nome do centauro vem da palavra grega para mão, a mesma palavra que está na raiz dessa sutilíssima diferença que pode curar ou matar, o quase o mesmo, a quiralidade. Imagino Quíron a estender a mão para Prometeu, enquanto lhe dá o Dom da vida.[4]

---

[4] Para uma fascinante introdução à substancial literatura acerca do significado profundo do centauro, e a interpretação da imagem de um centauro feita por Nietzsche como o elo entre a ciência e a arte, ver KLEIN, R. "The *Métis* of Centaurs", *Diacritics*, verão de 1986:2-13.

Por mais inerentemente bom que fosse Quíron, não quero romantizar os centauros, que eram em boa medida um bando grosseiro e imoral. Mas é claro como o sol que os centauros são a encarnação do mesmo e do não mesmo. Homem e animal, não totalmente homem, nem animal selvagem. Imóvel e ligeiro, um ser mais tenso, complexo mas integrado. Capaz de ferir, na busca do bem. Como a química.

Agradecimentos

Tenho uma ligação especial com o Laboratório Nacional de Brookhaven. Quando estava na faculdade, passei um verão lá, construindo um sistema de contagem de nível baixo para o ^{11}C, correndo de bicicleta do Cosmotron para os barracões do Departamento de Química, transportando uma carga de átomos em rápida decomposição, e isso é algo de que não se esquece. Não me tornei um radioquímico, mas aprendi muito com Jim Cumming e Gerhart Friedlander. E o entusiasmo daquele verão me fez ficar na química, livrou-me de ser seduzido pelas humanidades.

Trinta e três anos mais tarde, dei as conferências Pegram em Brookhaven. Foi um verdadeiro prazer voltar ali. Agradeço o convite a Betsy Sutherland e ao Comitê das Conferências Pegram, e a hospitalidade aos meus colegas e amigos de lá. Ed Lugenbeel da editora da Universidade Columbia gentilmente insistiu para que eu publicasse as conferências. Ele tem sido um grande editor.

Este livro traz alguns capítulos já publicados anteriormente, alguns em publicações de difícil acesso. Vários decorrem de uma valiosa colaboração com Pierre Laszlo, sobre a representação na química, e publicados na revista *Angewandte Chemie*. Outro capítulo tem como origem uma colaboração artística, científica e literária com Vivian Torrence, chamada *Chemistry imagined* [Química imaginada]. Vários trechos foram publicados em minha coluna "Marginalia", na revista *American Scientist*. Neles devo muito a meus editores — Michelle Press, Sandra Ackerman e Brian Hayes. Um ensaio, "Natural/Inatural" (que agora contém quase todo o material dos Capítulos 22 a 25 deste livro), foi amplamente corrigido, para seu bem, por um poeta/filósofo de grande intuição, Emily Grosholz. Também sou muito grato a Roy Thomas por sua revisão do livro inteiro. Teresa Bonner deu contribuições inestimáveis ao projeto artístico do livro — foi um prazer trabalhar com ela.

A leitora mais atenta de meu manuscrito, uma pessoa que fez muitas sugestões para sua melhoria, foi minha mulher, Eva B. Hoffmann. Ela também me ajudou nas etapas finais da produção do livro, e sou muito grato a ela pela atenção e pelo auxílio. Talvez a mais importante contribuição de Eva tenha sido ajudar-me a reconhecer que aqueles que expressam suas preocupações com o meio ambiente não estão atacando a química ou os químicos. Nosso meio ambiente é algo precioso sobre o qual *todos* nós precisamos pensar profunda, racional e emocionalmente.

Muitas ilustrações deste livro foram desenhadas por Jane Jorgensen. Ao longo dos anos, seus desenhos têm enfeitado e valorizado meu trabalho. As fotografias deste livro, a menos que tenham seus créditos indicados a outros, foram tiradas pela Cornell University Photography. Patricia Giordano ajudou muito na digitação do manuscrito. Foram feitas algumas revisões cruciais ao longo de uma permanência sabática no Departamento de Química da Universidade de Nova York. Sou grato a meus colegas de lá pelo apoio. Meu grupo de pesquisa auxiliou-me com algumas pesquisas de um tipo diferente.

Uma pessoa de Cornell, Mary Reppy, leu o livro inteiro com perspicácia e atenção extraordinárias e deu muitas sugestões importantes. O que também posso dizer dos leitores da Columbia University Press — Dick Zare (cujo conselho segui e acrescentei os três capítulos sobre a catálise), Loren Graham, William Frucht, Laura Wood, Robert

Shapiro e Robert Merton. Também foram feitos vários comentários judiciosos sobre todo o livro por Henning Hopf (que me sugeriu escrever o Capítulo 8), Pierre Laszlo, Jean-Paul Malrieu, Lionel Salem, Alain Sevin e Brian Sutcliffe, e por Tadgh Begley, Paul Houston, William N. Lipscomb, Peter Sandman e Ben Widom sobre capítulos individuais. Outros ainda forneceram informações minuciosas ou desenhos; a estes agradeço nas notas finais.

Muitas pessoas merecem uma menção especial: Peter Gölitz, sempre prestativo e oferecendo-me muito material; Bruce Ganem, uma fonte segura em questões sobre biologia; Lubert Stryer, cujo texto *Biochemistry* [Bioquímica] eu explorei; Ehud Spanier, cujos pais vêm da mesma cidade da Galícia em que nasci, e me apresentou ao azul bíblico, *tekhelet*; Jerry Meinwald e Tom Eisner, colegas que fazem pesquisas sempre inspiradoras; Mordecai Shelef, que fez que eu me interessasse pela redução do NO_x; e Lynne S. Abel, por me guiar na literatura sobre a democracia grega.

Este livro é dedicado aos meus professores do Columbia College. Pus na cabeça terminar Columbia em três anos, mas nesses três anos frequentei uma incrível quantidade de cursos. O mundo abriu-se para mim, talvez mais nas humanidades do que na química. Essa abertura deve ser creditada ao currículo central de Columbia, às séries de Civilização Contemporânea e Humanidades, aos cursos introdutórios de história da arte e música. Nos subsequentes cursos em Columbia, encontrei um grupo absolutamente extraordinário de professores, que me abriram o mundo do intelecto, da literatura, da arte e da ciência. Não me esqueço deles e este livro é para eles.

Índice Remissivo

Académie des Sciences, 86
Acetilcolina, 76-8
Acetileno, 296, 298, 300
Ácido fólico, 75
Ácido oxálico, 71
Ácido racêmico, 61
Ácidos/bases 315
Afinidades eletivas, 123-4, 231, 321-2
Aganipe, 6, 146-7, 149
Água, 5, 10, 25, 29-33, 35, 54-7, 125, 136-7, 146-8, 150, 153, 200-1, 216-7, 224, 244, 248, 298, 318-9
Alcanos, 50
Álcool, 72, 200-1
Álcool desidrogenase, 72
Alemã, 26, 73, 87, 215, 217, 223-6, 258-9
Alho, 203-4
Alienação, 159, 162, 289
Alquimia, 14, 248, 320-1, 323
Ammons, A. R. 165
Amoníaco, 208-11, 216-9, 223, 230, 261-2, 308
Analfabetismo químico, 289
Análise, 15, 42, 66, 123, 127-8, 145, 150, 191, 193, 215, 224, 242, 279-80, 292, 306-8, 313-4
Anbelson Philip, H., 282
Anéis de benzeno, 106-7
Antibióticos, 75, 162, 171
Anticongelante, 71-2, 158
Antiplatão, 7, 280
Aplicada, 109, 113, 215, 278
Arendt, Hanna, 181
Argumentação, 94, 111, 315
Aristóteles, 253, 267, 275, 277

Artigo, 6, 27, 74, 85, 87-93, 95-6, 100, 105, 111, 113-4, 116-7, 121, 131-2, 139, 142, 146, 154, 173-5, 196, 225, 307, 312, 317, 319
Artigo de química, 85, 87, 92-3, 111, 113, 117
Artistas, 121, 123, 127, 146, 152, 197-8
Aspirina, 20, 48, 135-7
Assassínio na catedral, 197
Atividade biológica, 73, 179
Átomo, 34, 48, 54-5, 62, 71, 135, 141, 192-4, 233, 318
Augustin, P., 175

Baeyer, 258
Balança comercial, 179, 236, 260, 262
Barbital, 171-2
Barita, 26
Barthes, Roland, 100
Battersby, Alan, 125-6
Benoxaprofen, 180
Bergman, Ingrid, 28, 160, 311-2
Bernkasteler, doutor 173
Berthelot, Marcelin, 127
Besouros d'água, 5, 29-31, 33, 35
Bhopal, 178, 288
Billington, David, 127-8
Bioensaio, 42-3
Bioquímica, 4, 153, 155-6, 196, 243, 330
Bioquímico, 15
Biot, Jean Baptiste, 61
Blake, William, 39
Blasiu, Augustin P. 175
Bonhoeffer, Friedrich, 215-6

Boule, 275, 286
Bronze, 48, 148-9, 153
Bruce, Michael, 297, 330

Cacau, 27-8
Califórnia, 190, 224, 237-8, 255, 316
Canetti, Elias, 96
Cânfora, 101-5, 107
Carbono, 35, 47-8, 50, 62-3, 71, 78, 101-2, 110, 131, 139, 141, 153, 172, 179, 191-2, 242, 261, 292-3, 298
Carboxipeptidase, 7, 243-9
Carnot, Lazare, 281
Carnot, Sadi, 281
Catarse, 280
Centauros, 325, 327
Chave inglesa, 127
Chemie Grünenthal, 171-2, 174-5, 177
Ciência, 7, 9, 14-5, 20-1, 37, 39-40, 46, 83, 85-6, 91-4, 111, 114-5, 121-4, 127-30, 132, 141-2, 144, 152, 157, 180-1, 195-9, 215, 224, 226, 231, 252, 257, 263, 266, 268-70, 274-6, 278-80, 286, 289, 292, 308, 310-1, 313, 316, 318-20, 324, 326, 330
Ciência como escrita, 92
Cientista, 93, 106, 116, 128, 148, 159, 164, 196-7, 209-11, 277, 279, 309-10
Cientistas, 6-7, 12, 26-7, 38, 60, 83, 87, 94, 116, 121-2, 151-3, 157, 164, 184-5, 195, 197, 199, 269, 273, 277-81, 309, 311, 313
Cis, 52-3
Cistinúria, 179

Cloro, 15, 220-1, 233, 261
Clorofluorcarbonetos, 233, 235
Cluster de ouro, 133, 135
Cole, Thomas, 131, 139-41, 143
Colesterol, 53, 125, 191
Colisões, 192, 202-7, 209, 308
Complexo enzima-substrato, 246
Compostos, 10, 27, 37, 50, 57, 59-60, 65, 73, 109, 124-5, 172, 220, 248, 266, 299
Condillac, Abbé de 95
Conversor catalítico, 28, 238
Copelação, 275
Corey, E. J., 62, 144-5
Cornforth, John, 43-4, 142, 145
Criação/descoberta, 11
Cubano, 6, 131-2, 139-43, 145, 307, 323
Curare, 77
Curva de, 293-4

Da Ponte, Lorenzo, 131
Daminozida, 271-2
Das substâncias químicas, 10, 313
David, Humphrey, 67-8, 92, 97, 122, 127, 131, 317
Degussa, 258
Democracia, 7, 250, 265-7, 270-1, 274, 276-7, 280, 283, 288-9, 330
Democracia ateniense, 266-7
Derrida, Jacques, 92, 60,
Descartes, René, 38
Determinação de estruturas, 36-7
Deutério, 54-6, 193-4
Devaquet, Alain, 281, 330
Dialética de Hegel, 316
Diazepam, 171-2
Difusão, 207, 221, 285

Dikasteria, 267, 286
Dimetil hidrazina assimétrica, 271
Disney, Walt, 134
Doença de Wilson, 179
Domagk, Gerhard, 73, 75, 114
Dos automóveis, 184, 238
Dr. Jekyll e Mr. Hyde, 21, 172-5, 181, 204, 253, 255, 309, 317
Drogas, 23, 40, 68, 73, 75, 114, 173, 180-1, 289, 306
Dualidades, 7, 11-2, 46, 304, 310, 313-4, 316, 318-9

Eaton, Philipe E., 131, 139-41, 143
Edward, O., 165
Einstein, Albert, 215, 225-6
Eisner, Hans, 29-32, 34, 42-3, 218, 256, 330
ekklesia, 274, 276
Elétrons, 54-5, 103-4, 125, 296
Eliade, Mircea, 248, 321
Eliot, T. S., 197, 310
Elly, Ameling, 131
EM, 6-7, 9-15, 19-20, 22, 24-30, 32-47, 49, 51-61, 63-4, 66-78, 83-103, 105, 107-17, 121-54, 156-60, 162-7, 171-81, 183, 185, 189-203, 205-11, 214-26, 230-6, 238-48, 252-5, 257-61, 263-89, 292-302, 306-8, 311-30
Enantiômeros, 59, 63-4, 66-8, 89, 172, 179-80
Entendimento, 37-41, 112, 123, 130, 144, 210-1, 216-7, 258
Enzimas, 71-72, 75, 243, 247, 253
Equilíbrio, 6, 9, 15, 27, 98, 111, 128, 145, 201-2, 208-11, 216-8, 231-3, 268, 282, 294-5, 308, 316

Equilíbrio dinâmico, 201-2, 208-9
Equilíbrio químico, 202, 209-10, 216, 308
Escala, 10, 26-7, 35, 141, 151, 159, 163, 207, 221, 258, 308
Espectro, 35, 37, 160, 190
Espectrômetro, 32-4, 55, 92, 194
Espírito, 159, 164-5, 269
Ésquilo, 325-6
Estático/dinâmico, 6, 11, 201, 203, 205, 207
Estrela em ascensão, 263-4
Estrutura, 25, 28-9, 31, 33-7, 42, 44, 49, 76-8, 84-5, 87, 96-7, 101, 103, 105-6, 110, 116-7, 125, 135, 143, 153-4, 171-2, 206, 244-6, 257, 264, 279, 292-3, 298-300, 307, 316
Estrutura química, 49, 101, 172, 257, 264
Et Decorurn Est, 221- 2
Etambutol, 180
Etano, 49, 190-6, 296, 311
Etanol, 72, 135, 191, 258
Etileno, 71-2, 140, 190-3, 261, 263, 296
Etileno glicol, 71-2
Euthuna, 286
Evolução, 25, 88, 208, 238, 248, 256, 306, 313
Experiência, 61, 112, 116, 150, 152, 183, 191, 194-5, 197, 204-7, 280, 311, 314, 317-8, 323
Experiências, 25, 112, 114, 127-8, 157, 191, 193-5, 199, 211, 218, 220, 224, 241

F. Sherwood, 179

Fármacos, 269
Fascínio, 231, 263
Ferreiros e alquimistas, 248
Fertilizantes, 208, 219, 259, 261, 263, 272
Fertilizantes químicos, 263
Feyerabend, Paul, 199
Fixação, 286
Fleming, Alexander, 76
Fluorita, 26
Focomelia, 175-7
Fogos de artifício, 320-1
Fontes, 44, 136, 147-8, 150, 154, 160, 208, 219-20, 263, 267
Fórmulas estruturais, 67
Fotólise, 191-2, 194
Frequência de colisão, 205

Gaia, 286
Galícia, 268, 330
Gás, 15, 26-7, 47, 55-6, 133, 201-2, 205-7, 209, 220-3, 226, 242, 259, 308
Gás venenoso, 223, 308
Gasolina, 259, 263
Geis, Irving, 70
Gêmeos, 5, 19-21, 23, 45-6, 324
Geométrico, 51-2
Goethe, J. W. von, 87, 123-4, 231, 306, 321-2
Goldberg, Rube, 190
Goran, Morris, 215-7
Gorduras, 53
Goya, Francisco, 176
Gráfica, 99, 101
Grafite, 47, 107, 116
Grécia, 146, 275
Grosholz, Emily, 146, 316, 329

Grupo de proteção, 143
Grupos funcionais, 72-3
Guerra nas Estrelas, 28
Guerra química, 220, 222-3
Gyrinidal, 30

Heme, 71
Hemoglobina, 48, 51, 55, 57, 69- 71, 125, 153, 237
Héracles, 325
Hidrocarboneto, 50, 190, 236-7
Hidrogênio, 34-5, 48, 50-1, 54-5, 57, 72, 131, 141, 190-4, 209, 218, 248
Hockney, David, 109, 131
Holton, Gerald, 313-5
Hopf, Henning, 57, 314, 330
Howard, Leslie, 100, 160
Humanidade, 10, 71, 85, 90, 93, 149, 164, 185, 219, 269, 286, 325
Hundertwasser, 163

Id, 6, 115, 117
Identidade, 5, 11-2, 17, 23, 25, 35, 43, 46-8, 62, 87, 90, 154, 306, 308, 313, 317, 323
IG Farbenindustrie, 73, 114
Imagem de, 22, 107, 252, 326
Imagem especular, 59, 61-6, 105, 153, 179, 182
Impuro, 24, 313
Inatural, 6, 11, 20, 92, 148, 150-6, 159, 162-3, 178, 270, 307, 329
Índigo, 7, 252, 254-8, 265
Indústria química, 136, 211, 215, 226, 252, 260-1
Infravermelho, 33
Inseto, 31, 256

Isômero geométrico, 52
Isotopômeros, 56-7
Isótopos, 54-7, 193

Jano, 6, 166-7, 252
Jargão, 32, 85
Joyce Carol, 19

Kahne, Daniel, 244
Kelsey, Francis, 181
Kolbe, Hermann, 153
Koshland, Daniel, 247
Kuhn, Thomas, 310-11
Kunz, Wilhelm, 172, 177
Kusch, Polykarp, 205-6

Laboratório Nacional de, 328
Lascaux, 108
Laszlo, Pierre, 96, 328, 330
Laurion, minas de prata de, 275
Lavoisier, Antoine-Laurant, 95-7
Le Bel, J. A., 62
Le Rossignol, Robert, 218
Levi, Primo, 127, 183
Lewis, Thomas, 74
Librium, 171, 181
Liebig, J. von, 87
Ligação, 48, 71, 77, 85, 96, 116, 123, 133, 179, 192, 223, 232, 240, 244, 247-8, 274, 295-6, 298, 307, 314, 328
Ligação competitiva, 71
Ligação química, 123
Lindberg, Stig, 163
Linguagem da física, 95
Linguística, 95-6
Lipscomb, William N., 245-6, 248-9, 330

Liversidge, Archibald, 224-5
Locke, David, 92
Lorenzo, 131
Louis, 60, 97, 317
Luz plano-polarizada, 60
Luz polarizada, 60-1, 67

Maçãs, 21, 271-3
Madix, Robert, 300
Malrieu, Jean-Paul, 127, 132, 164, 330
Mãos, 14, 36, 63, 65-6, 72, 78, 87, 93, 109, 141, 144, 148, 153, 175, 195, 312
Mar, 14, 164, 184, 222, 224, 233, 242
March, Kathryn, 319
Margaret, Thachter, 281
Marxismo, 280
Maxwell-Boltzmann, 206
McNesby, J. R., 189-90, 193-5
Mendeleyev, D. I., 47
Metil *tert*-butil éter, 261, 263-4
Método científico, 191, 195, 306
Métodos biomiméticos, 156
Michelangelo, 287
Milles, Carl, 146-50, 153, 201
Miltown, 181
Mimetismo, 5, 23, 69, 71, 73, 75, 77, 79, 242, 306
Minas de prata, 275
Modelos, 67, 104, 110, 128, 313
Molécula diatômica, 290, 292, 294
Moléculas, 5, 9-10, 12, 14, 21, 23, 25-9, 31-3, 35, 47 -8, 50-1, 53-5, 57-9, 61, 63-7, 69, 71-3, 75-6, 79, 84-5, 90, 96, 100, 106-7, 109-10, 119, 124-127, 132-3,
135, 139-41, 153-4, 160, 172, 180, 184-5, 191-5, 200-3, 205-9, 211, 218, 232-3, 240-1, 243, 245, 252, 256, 263, 293-6, 300-1, 306-8, 311, 320, 323
Molina, Mario J., 179
Moore, Richard, 130, 267
Mordecai, 238, 242, 330
Mozart, A., 131, 198, 269
Mundo químico, 260
Mutações, 57

Natural/inatural, 6, 11, 153-6, 307, 329
Neil, Bartlet, 133
Nernst, Walter, 217-8
Neurotransmissor, 76, 184
Nêutrons, 54-5
Nilsson, Robert, 171, 174, 177
Nitrato de amônia, 219, 261
Nitrogênio, 57, 78, 202, 208-9, 218-0, 237, 248, 261, 286
Norbornano, 107-8, 110
Noyori, Ryoji, 105
Núcleo, 54-55, 135, 279-80, 289
Nulsen, Ray O., 173-4

Oates, Joyce Carol, 19
Okabe, H., 189-90, 193-5
Opheim, K., 31, 34, 42
Oppolzer, Wolfgang, 89
Orgânico/inorgânico, 154
Os gêmeos, 5, 19, 21, 23, 45
Oscilação, 60
Óxido nítrico, 184, 237, 309
Oxigênio, 35, 55-7, 69-71, 101, 103, 125, 202-3, 205, 233, 241, 245, 253, 261

Ozônio, 179, 184, 233-4, 237, 287, 309

Pasternak, Boris, 75
Pasteur, Louis, 60-1, 64
Patente, 114, 165, 238
Paul, 73, 84, 199, 330
Pauli, Wolfgang, 315
Penicilina, 75-6
Percepção, 283, 285
Percurso médio livre, 205
Perfume, 29, 207, 231
Péricles, 274-5
Periódico, 84
Pesado, 54-5, 193-4
Peter, 47, 198, 214, 275, 284, 297, 330
Peter M., 284
Petróleo, 50, 135-7, 258, 287
Pico, 35, 37, 325
Plásticos, 13, 163, 259, 263
Platão, 277, 279
Polanyi, Michael, 122
Polaridades, 9-12, 23, 211, 314, 316
Polarizadores, 60
Polietileno, 49, 53, 160, 166
Polímero, 49
Poluição, 184, 236, 285, 287
Popper Karl, 195, 199
Posner Erich, 74-6
Praça Tiananmen, 267
Prata, 275, 300
Preocupações ambientais, 7, 272
Processo de arbitragem, 116
Processo Haber-Bosch, 211, 219, 286
Produção, 12, 15, 21, 137, 163, 167, 171, 198, 255-6, 258-9, 261, 263, 329

Prometeu, 325-6
Protease, 243
Proteínas, 66, 76, 208, 243-4
Prótons, 54-55
Puchkin, A. S., 84, 160
Punch, 136
Puro/impuro, 313
Púrpura de Tiro, 7, 252-4, 256, 258, 265, 279

Química, 4, 6-7, 9, 11, 13-5, 20, 22-3, 29, 32, 36-40, 42-3, 46-7, 49-51, 55, 57-8, 60-2, 67, 69, 71-2, 76, 83-7, 90-7, 99, 101, 103-5, 109, 111-4, 116-7, 123-7, 129, 132-3, 136-8, 140-5, 151-4, 156-7, 166, 172, 178-1, 190-1, 200-2, 208, 211-2, 215-16, 220-3, 225-6, 230-1, 233-5, 244-5, 252-4, 257, 259-62, 264, 268, 270-1, 273, 281, 283, 286, 288-9, 292, 296-7, 299, 301-2, 306-8, 311-7, 320-2, 327-30
Quimiofobia, 270-1
Quimioterapia, 20, 73-4, 166, 259
Quiral, 59, 65, 68, 179
Quiralidade, 59-61, 64, 326
Quíron, 7, 266, 324-7

Racionalidade, 153, 278, 280
Radinov, Rúmen, 89
Ramayana, 269
Reação em cadeia, 192
Redução, 41, 138, 179, 211, 237, 242, 330
Referências, 56, 85-6, 88, 93, 113, 126, 198, 242, 275, 311, 314
Relação com, 19, 38, 288

Remédios, 14, 24
Reppy, Mary, 128-9, 222-3, 329
Representação, 6, 28, 69, 92-3, 98-9, 101-3, 105, 107, 109, 240, 307, 313, 328
Resolução óptica, 64
Ressonância magnética, 35
Revelar/ocultar, 11
Revisão, 329
Revista química, 91
Richard, 100, 123, 130, 215, 230, 287
Richardson-Merrell, 173
Risco, 185, 283-6
RM, 35
Rodopsina, 153
Romance, 19, 68, 96, 123, 127, 159-60, 215, 236, 321-2
Rotação óptica, 60-61
Rowland, F. Sherwood, 179
Royal Society, 86-7, 298

Salieri, Antonio, 6, 196-9
Salvarsan, 73
Sandman, Peter M., 284-5, 330
Segurança, 12, 136, 171, 182, 273
Semiótica da química, 6, 95-7
Shaffer, Peter, 198
Shelef, Mordecai, 238-40, 242, 330
Síntese, 6, 14-5, 42-4, 75, 85, 89, 92, 94, 114, 123, 127-8, 131-33, 135-45, 154, 193, 211, 216-7, 219, 223, 230, 257-8, 292, 306 -8, 311, 313-5
Sjöström, Henning, 171, 174, 177
Smith, Rosamund, 19-20, 45, 137, 177, 179, 256
Sócrates, 267, 276-7
Sonstadt, Edward, 225

Status, 159-60
Stern, Fritz, 215-6, 225-6
Stevenson, Robert Louis, 317
Still, W. Clark, 244
STM, 106-7
Stravinsky, Igor, 152
Streep, Meryl, 271
Stryer, Lubert, 70, 244, 246-8, 330
Sulfanilamida, 73-5, 114
Sulfas, 73-5, 114

Tagamet, 179
Talidomida, 6, 12, 68, 73, 172-5, 177-9, 181-4
Tchaikovsky, P. I., 160-1
tekhelet, 252-3, 330
Tetraedro, 62, 109-10
Thomas, Ward, 29-32, 43, 74, 131, 310, 329
TNT, 219
Trans, 53
Trapaça química, 69
Trinitrotolueno, 219
Trítio, 54-6
Tucídides, 274
Twain, Mark, 145, 162
TWC, 238, 242

UDMH, 271-2
Ultravioleta, 33, 184, 190, 195
UV, 32-3

Valência, 101
Valium, 171-2
Velocidade das moléculas, 206
Veronal, 171-2
Vinho austríaco, 158
Vinte mais, 263

W. Clark, 244
Weizsëcker, C. F. von, 95
Whorf, Benjamin Lee, 96
William, 39, 245, 317, 329-30
William N., 245, 330
Willstätter, Richard, 215, 226
Wilson, Edward O., 128, 165, 179
Wolczanski, Peter, 297

Wölfflin, Heinrich, 66
Wood, Laura, 165, 329
Woodward, R. B., 100, 144-5, 314

Zare, Richard, 230, 329
Zeus, 324-6
Zodíaco, 324

SOBRE O LIVRO
Formato: 16 x 23 cm
Mancha: 27,6 X 44,6 paicas
Tipologia: New Baskerville 11/15
Papel: Pólen Soft 80 g/m^2 (miolo)
Cartão Supremo 240 g/m^2 (capa)

1ª edição: 2007

EQUIPE DE REALIZAÇÃO

Edição de Texto
Adriana Oliveira (Copidesque)
Regina Machado (Revisão)
Oitava Rima Prod. Editorial (Atualização Ortográfica)

Editoração Eletrônica
Santana

Impressão e acabamento